Claudia Ade

Freizeitspaß mit Lamas und Alpakas

90 Fotos
6 Zeichnungen

Ulmer

Inhalt

Kleine Kamele zum Anfassen

Wollige Sturköpfe mit Selbstbewusstsein

Lamas und Alpakas als Hobbytiere halten

Outdoorspaß mit Lamas und Alpakas

Service

Spezial

Kleine Kamele zum Anfassen

Wer einmal in diese großen, dunklen Augen der wundervollen, sanftmütigen Lamas und Alpakas geblickt hat, muss sich einfach in sie verlieben und kann sich ein Leben ohne sie kaum noch vorstellen. Frei nach Loriots Motto: „Ein Leben ohne Lamas ist möglich, aber nicht sinnvoll."

Seit ungefähr 20 Jahren steigt die Zahl der als Hobby- oder Zuchttiere gehaltenen Alpakas und Lamas in Amerika und Europa stetig. Kurz gesagt, das „Kameliden-Virus" ist auf dem Vormarsch und wer damit infiziert wurde, ist leider verloren!

Vielseitige Freizeitfreunde

Seit Lamas und Alpakas bei uns eingeführt wurden, hat sich gezeigt, dass sie auch in unseren Breiten robust sind und außerdem weniger aufwendig in der Haltung sind als manche unserer Freizeittiere wie etwa Pferde oder Esel. Was ihre Nutzungsmöglichkeiten angeht, sind

Lamas und Alpakas haben etwas ungeheuer Beruhigendes – gerade richtig, um sich bei einem Spaziergang mit ihnen von der alltäglichen Hektik zu erholen.

sie richtige Allrounder. Sie finden diese Tiere in Streichelzoos, auf Jugendfarmen und Begegnungshöfen, Lamas können auf Trekkingtouren Gepäck tragen, sie helfen in der tiergestützten Therapie oder als Besuchstiere für Jung und Alt in Pflegeeinrichtungen. Sie können mit den Kamelchen einen Outdoor-Kindergeburtstag feiern oder einfach Ihre Freizeit mit einem „Lamawalk" verbringen, also einem gemütlichen Spaziergang durch die Natur. Adressen, wo Sie in Ihrer Nähe Lamas und Alpakas für einen ungewöhnlichen und entspannenden Freizeitspaß finden, erfahren Sie am besten über das Internet.

In diesem Buch lernen Sie die wuscheligen Andenkamele etwas näher kennen. Es wird Sie sicherlich neugierig darauf machen, selbst einmal mit ihnen Kontakt aufzunehmen, mit oder ohne Familie, mit oder ohne Freunde, und einen Nachmittag der ganz neuen Art zu verbringen.

Adressen und Infos zu Aktivitäten mit Lamas und Alpakas in Ihrer Nähe können Sie ganz leicht über das Internet herausfinden.

Lamatrekking in den Bergen

von Priska Felder, Alp Stillaub, Finsterwald, Schweiz

Ein Lamatrekking in den Bergen ist nicht nur gut für den Körper, sondern auch für den Geist. Gerne möchte ich Sie mit meiner Begeisterung anstecken und meine Leidenschaft mit Ihnen teilen. Gespannt warte ich immer schon auf meine Gäste. Meistens kommen sie mit Wanderschuhen und sind auch mit warmen Kleidern ausgerüstet. Ich habe mich gut auf den heutigen Tag vorbereitet. Zuerst halte ich einen Vortrag, damit die Menschen lernen, sich gegenüber unseren Kameliden richtig zu verhalten. Bis heute wurde auch niemand bespuckt, denn diese Frage kommt ja immer.

Nach dem Vortrag satteln wir die Tiere. Ich achte genauestens darauf, dass der Sattel richtig sitzt und befestige ihn zusätzlich mit Brust- und Gesäßgurten. Sonst würde er beim Auf- oder Abstieg verrutschen. Mit im Gepäck ist immer genügend Wasser, und alles, was wir unterwegs so brauchen. Die Lamas tragen rund 15% des eigenen Körpergewichtes.

Los geht's

Das abenteuerliche Lamatrekking kann beginnen. Das erste Ziel ist es, nun den richtigen Draht zum eigenen Tier zu finden. Die erste Etappe ist nicht sehr anspruchsvoll. Die lernenden Llameros haben nun Zeit, ihr Tier besser kennenzulernen und die anfängliche Angst vor den sanftmütigen Lamas zu überwinden.

Wir wandern über Wiesen und steinige Wege, aber schon bald kommt der erste Anstieg. Wir erreichen den ersten Waldabschnitt. Die Ruhe, die unsere Kameliden ausstrahlen und der gleichmäßige Passgang lockert alle Anwesenden auf. Auf leisen Sohlen genießen wir die kühle Luft und die Stille im Wald. Der steile Aufstieg hat sich wirklich gelohnt, der Blick von der Aussichtsplattform ist atemberaubend. Auch die Tiere freuen sich, den Aufstieg überwunden zu haben, denn das heißt für sie, dass sie bald fressen können.

Es ist zu empfehlen, die Lamas während des Wanderns nicht fressen zu lassen, nur in den Pausen. Die Tiere sind sonst den ganzen Weg am Fressen und verlängern die Wanderung unnötig.

Pause

Nach zweieinhalb Stunden haben wir unser erstes Etappenziel erreicht. Die Tiere werden angebunden und abgesattelt, denn sie mögen es nicht, wenn wir in den Satteltaschen herumwühlen, um irgendwelche Sachen darin zu suchen. In der nächsten Stunde kann jetzt jedes Tier fressen, so viel es möchte. Für unser leibliches Wohl ist auch gesorgt und wir verspeisen unser Mitgebrachtes aus den Satteltaschen.

Fortsetzung:

Lamatrekking in den Bergen

von Priska Felder, Alp Stillaub, Finsterwald, Schweiz

Nun mache ich mir die nächsten Gedanken über den Abstieg und bereite die Lamas darauf vor. Wir haben die Lamas wieder aufgesattelt und jetzt kontrolliere ich den Rückhaltegurt, damit die Sättel beim Abwärtsgehen nicht nach vorne rutschen. Diese Etappe ist die schwierigste, denn das Tier muss jetzt ruhig sein und der Führer muss seinem Tier vertrauen.

Bitte kontrollieren Sie unterwegs immer den Sitz des Halfters. Lamas sind Nasenatmer und sie haben ein sehr kurzes Nasenbein – verrutscht das Halfter, bekommen sie nicht genug Luft.

Wir klettern zwischen den engen Bäumen durch und auf einer Seite geht es steil runter. Es ist immer wieder verblüffend, wie sich Lama und Führer aufeinander einlassen. Die Lamas hören auf die Worte „langsam gehen" und sie konzentrieren sich auf den steilen Weg, der vor ihnen liegt. Das Leittier gibt das Schneckentempo jetzt vor. Die Gruppe geht dicht hintereinander und das Leittier überprüft, ob auch alle nachkommen. Nach dieser Bewährungsprobe sind Tier und Führer eins. Was soll jetzt noch schief gehen?

Als Nächstes begehen wir das Hochmoor. Unsere vierbeinigen Freunde mögen weichen Boden nicht, sie folgen uns aber ohne Wenn und Aber durch den dichten, mystischen Bodennebel im Moor. Jetzt geht es noch über saftige Wiesen und das Ziel ist nah. Unsere Kleinkamele sind aber auch im

Fertig für die Trekkingtour. Auf dem Packsattel tragen die Lamas das Gepäck der Wanderer.

steinigen Flussbett sehr trittsicher und eine letzte Herausforderung ist angesagt. Wir überqueren bei niedrigem Wasserstand den breiten Fluss. Mit der Hilfe der Lamas ist es für uns einfacher, uns auszubalancieren, damit wir nicht ins Wasser fallen. Die meisten Gäste bleiben auch wirklich trocken. Notfalls haben wir ja auf der Alp Stillaub auch trockene, warme Alpakasocken.

Nach dieser letzten Hürde ist das Lagerfeuer schon in Sicht. Auf uns wartet eine heiße Suppe und auf die Lamas feines, trockenes Heu.

Mit schnellen Schritten gehen die Tiere das letzte Stück bis zur Alp. Dankbar für diesen schönen Tag befreien wir sie von Sattel und Halfter und lassen sie auf die Weide, wo sie ihr Heu genießen können. Ich gebe den Lamas zur Belohnung kein Kraftfutter, denn das schürt den Futterneid und damit die Spuckgefahr. Das großzügig ausgelegte Heu lieben sie auch und es bekommt ihnen besser. Außerdem haben wir unseren neu gewonnenen Kameliden-Freunden ja gesagt, Lamas spucken nicht nach Menschen, wenn wir uns angemessen verhalten.

Was sind eigentlich Lamas und Alpakas genau?

Diese Tiere kommen ursprünglich nicht bei uns vor, sondern sie werden in den Anden Südamerikas seit einigen tausend Jahren als Haus- und Nutztiere gehalten. Beide haben ein superweiches Fell und ihre Wolle ist auf der ganzen Welt begehrt. Vom Wesen her sind beide eher bedächtig und gelassen, sie können aber auch ganz schön stur sein. Sie haben mit dem Menschen schon eine lange gemeinsame Geschichte, so wie wir mit unseren Haustieren, Schaf, Ziege, Rind und Pferd.

Charakteristisch an den Lamas sind ihr langer Hals, die großen, beweglichen Ohren und der stets wachsame Blick. Die Tiere wirken majestätisch, fast schon arrogant. Alpakas dagegen mit ihrem kürzeren Gesicht, kleineren Ohren und viel mehr Wolle am Kopf sehen eher niedlich, fast knuddelig aus.

Als Weidetiere auf savannenartigen Hochlandflächen in den Anden gehören Alpakas und Lamas wie die Gnus in Afrika zu den Wiederkäuern. Sie haben aber drei, und nicht vier Mägen wie etwa unsere Kühe. Sie brauchen wie diese vor allem rohfaserreiche Pflanzenteile für ihre Ernährung.

Mit ihrer empfindlichen, gespaltenen Oberlippe können Lamas und Alpakas wie mit einem Greiffinger auch das kürzeste Gras abrupfen. Sie haben im Oberkiefer keine Schneidezähne, sondern eine sogenannte Kauplatte.

Lamas oder Alpakas nehmen vom Menschen angebotene Leckereien ganz behutsam. Möchten Sie sie mit Karotten oder Äpfeln verwöhnen, dann schneiden Sie am besten alles in mundgerechte Stückchen!

Die Südamerikaner aus Nordamerika

Lamas und Alpakas zählen zu den „Kameliden", den Kamelartigen oder Schwielensohlern, und das deutet auf ihre Verwandtschaft im Tierreich hin. Diese Urweltkameliden entstanden vor 35 bis 40 Millionen Jahren im heutigen Nordamerika und waren die Vorläufer aller heute auf der Erde vorkommenden Kamele.

Vor zwei bis drei Millionen Jahren gelangte ein Teil der Urweltkameliden über Alaska nach Sibirien und weiter bis nach Asien und Afrika. Aus ihnen entwickelten sich die Großkamele, das einhöckrige Dromedar und das zweihöckrige Trampeltier, das es noch in freier Wildbahn gibt. Die Großkamele werden auch Altweltkameliden genannt.

Der andere Teil der Urweltkameliden zog von Nordamerika nach Mittel- und Südamerika weiter, vorwiegend in die Anden Chiles, Perus und Boliviens. Vor etwa 12.000 Jahren starben dann die nordamerikanischen Kameliden aus, aber in der Zwischenzeit hatten sich in den Anden bereits die Wildformen Vikunja und Guanako herausgebildet. Alle Neuweltkameliden sind im Gegensatz zu den Kamelen höckerlos.

Trittsicher in allen Gangarten

Bei normalem Tempo sind Lamas und Alpakas Passgänger, das heißt, beide Beine einer Körperseite treten gleichzeitig vorwärts. Wird das Tempo schneller oder flüchten sie gar, dann fallen sie in Galopp. Eine ganz besondere Fortbewegungsart ist das sogenannte Stotting. Dabei hüpfen die Tiere mit allen vier gestreckten Beinen gleichzeitig in die Luft, wie man es beispielsweise von Springböcken oder Antilopen her kennt. Das sieht ganz besonders anmutig aus und spiegelt Lebensfreude pur!

Beim Pass bewegen sich Vorder- und Hinterbein auf der einen Körperseite gleichzeitig vor. Das führt zu einem ruhigen, leicht schwankenden Gang.

Von unten ist gut zu erkennen, wie die Sohlenkissen des Kamelidenfußes aussehen. Beim Auftreten sinkt der Fuß nicht ein wie etwa ein Pferdehuf.

Dass sich alle Neuweltkameliden im steilsten Geröll und Fels mit traumwandlerischer Sicherheit bewegen können, liegt an einer Besonderheit ihrer Füße. Sie gehören wie die Großkamele zu den sogenannten Schwielensohlern. Ihre Fußsohlen bestehen aus weichen Polstern, die sich beim Auftreten an den Untergrund anpassen und so für guten Kontakt sorgen. Außerdem besitzen Lamas und Alpakas bewegliche Zehen, die ihnen zusätzlichen Halt in unebenem, steinigem Gelände geben.

Haus-, Nutz- und Opfertiere seit langer Zeit

Für die Menschen der Anden gehören die Tiere bis heute in vielen Lebensbereichen einfach dazu. Sie liefern Wolle und Fleisch sowie Dung als Brennstoff. Lamas dienen vorwiegend als Lastentiere. Sie können bis zu 40 kg Gepäck tragen und gehen auch in schwer zugänglichen Hochgebirgsregionen trittsicher ihren Weg.

Die Lamas der Hochlandvölker Südamerikas waren immer, tagein, tagaus mit Menschen zusammen. Sie haben die Fähigkeit, eine ausgeprägte Beziehung zu Menschen zu entwickeln und können relativ zutraulich werden.

Alpakas hingegen wurden ausschließlich in großen Herden in der freien Natur gehalten und nur einmal im Jahr zum Scheren der Wolle zusammengetrieben. So sind sie weniger zutraulich und halten eher eine gewisse Distanz zum Menschen. Doch auch sie lassen sich daran gewöhnen, von Menschen geführt zu werden.

Für uns Mitteleuropäer schwer nachzuvollziehen, doch seit Urzeiten bei den Andenvölkern verwurzelt, ist dass Lamas bei religiösen Ritualen eine wichtige Rolle als Opfertiere spielen. Pachamama – Mutter Erde, der wichtigsten Gottheit der Hochlandindianer, werden getrocknete Lamaföten, Lamafett und andere „Besonderheiten“ dargebracht. Als Glücksbringer für die Hausbewohner wird in manchen Gebieten ein getrockneter Lamafötus unter der Schwelle eines neu erbauten Hauses vergraben.

Bei den Inkas wurde zu Ehren des Sonnengottes Inti, der als Stammvater der Inkas gilt, am Sonnwendfest „Inti-Raimi“ ein schwarzes Lamafohlen geopfert. Um Regen herbeizubeschwören gab man in Trockenzeiten einem schwarzen Lama so lange nichts zu trinken, bis es vor Durst schrie und hoffte, damit die Götter gnädig zu stimmen.

In den Anden sind die Menschen der Hochlandvölker mit ihren Kameliden zu einer Touristenattraktion geworden.

Die wilden Verwandten

Die in den Anden lebenden Völker, die Indios, haben das dort wild lebende Weidetier, das Guanako, schon vor 7.000 Jahren domestiziert. Es gilt als die Wildform des Lamas, während über die Abstammung der Alpakas jahrelang Uneinigkeit herrschte. Heute geht man davon aus, dass die Vikunjas als die Wildform der domestizierten Alpakas sind.

Das Guanako

Als die ersten Europäer nach Südamerika kamen, gab es dort noch Herden von Millionen wilder Guanakos *(Lama guanicoe)*. Heute sind sie in manchen Gebieten fast ausgerottet, weil Schafzüchter in ihnen Nahrungskonkurrenten für ihre Schafe sehen. Man schätzt ihren gesamten Bestand noch auf etwa 600.000 Tiere.

Anführer einer Herde ist immer ein Leithengst, der sein Revier durch Kotplätze markiert. Es kann vorkommen, dass sich mehrere Herden vorübergehend zu einer „Megaherde" zusammenschließen, die dann schon mal aus tausend Tieren bestehen kann. Ihr einziger natürlicher Feind ist der Puma. Da sie ständig vor ihm auf der Hut sein müssen, sind sie extrem wachsam und zudem schnelle Läufer und sehr gute Schwimmer.

Guanakos unternehmen lange Wanderungen durch Halbwüsten und karge Landschaften und kommen mit wenig Wasser aus. Darin sind sie ihren Verwandten, den Altweltkamelen, sehr ähnlich. Allerdings trifft man Guanakos, im Gegensatz zu den Vikunjas, auch in den Niederungen an, wo sie genügend Feuchtigkeit aus den saftigen Weiden und Blättern aufnehmen.

Guanakos haben eine vergleichbare Größe und ein ähnliches Gewicht wie die domestizierten Lamas. Nur bei der Vielfalt der Fellfarben können sie mit Lamas nicht mithalten: Die Oberseite ihres Vlieses, also Rücken und Außenseite der Beine, ist immer hellbraun, die Unterseite, also Bauch und Beininnenseite, ist dagegen weiß. Der Kopf kann bisweilen schwarz gefärbt sein.

Das Vikunja

Vikunjas *(Lama vicugna)* sind die kleinsten und zierlichsten Vertreter der Kameliden – in Größe und Gewicht vergleichbar mit den Alpakas, allerdings weniger dicht bewollt. Ihre Farbe variiert von gelblich bis rötlich braun, an Bauch, Brust, Flanken und Beininnenseite sind sie weißlich gefärbt.

Im Gegensatz zu den Guanakos, die ja auch die Niederungen der Täler bewohnen und durch das Abweiden feuchtigkeitshaltiger Gräser

Guanakos leben in bis zu 4.000 Metern Höhe in Herden von vier bis zu dreißig Tieren.

Vikunjas sind trotz ihres zarten Äußeren sehr robuste Tiere, die in bis zu 5.000 Metern Höhe eisigen Wintern und heißen Sommern trotzen.

Lamas und Alpakas werden inzwischen auch bei uns in vielen Farben und mit unterschiedlichen Wolleigenschaften erfolgreich gezüchtet.

wenig Wasser benötigen, müssen die Vikunjas regelmäßig trinken. Der Grund dafür sind die harten, trockenen Gräser, von denen sie sich auf den Bergweiden ernähren. Durch diese Art der Nahrung nutzen sich die Schneidezähne dieser Andenkamele stark ab. Vikunjas heben sich jedoch durch eine Besonderheit von allen übrigen Kameliden ab: Ihre Schneidezähne wachsen ständig nach!

Das Verhältnis zwischen Mensch und Vikunja war schon immer sehr vielfältig: Einerseits wurde es von einigen Indianerstämmen als heiliges Tier verehrt, andererseits wegen seines wertvollen Felles stark bejagt. Diese kuschelige Wolle, die teurer ist als Kaschmir, spielte schon zur Zeit der Inkas eine bedeutende Rolle. Das feine Vikunja-Vlies war nur für Inka-Könige bestimmt, jeder andere, der dabei erwischt wurde, wie er Kleidung aus dieser kostbaren Wolle trug, bezahlte dafür mit seinem Leben.

Auch bei den spanischen Eroberern wurden die Vikunjas sehr geschätzt: Solange die Tiere gefangen, geschoren und dann wieder freigelassen wurden, war ihr Bestand auch nicht gefährdet. Doch wurden sie auch wegen ihres Felles gejagt und damit stark dezimiert. Trotz aller Schutzmaßnahmen wie etwa der Einrichtung von Nationalparks, gelten Vikunjas heute als gefährdet. Es gibt nur noch 300.000 Exemplare in freier Natur, etwa halb so viel wie Guanakos.

Die domestizierten Arten

Um 1900 fanden die Kameliden ihren Weg auch auf andere Kontinente, wo sie vorwiegend als Zootiere zu bewundern waren. Ihre private Haltung und Zucht begann erst vor rund 20 Jahren und die Nachfrage nach diesen Tieren wurde durch Importe aus Chile, Peru und Bolivien gedeckt. Heute werden Lamas und Alpakas überall auf der Welt im Bereich der Freizeitbeschäftigung immer beliebter, ob beim Wandern oder Trekking, auf Jugendfarmen oder in der tiergestützten Therapie.

Das größte Alpaka-Register der Welt, das Alpaca Registry, Inc. (ARI), mit Sitz in Nebraska, USA, hat die Fellfarben kategorisiert und einen Standard mit systematischen Farbnummern erstellt.

Fellfarben und ihre Farbnummern

Farbbezeichnung	Beschreibung, Farbnummer nach ARI
White	Weiß, WH 100
Beige	Beige, BG 201
Light Fawn	Hellrotbraun, LF 202
Medium Fawn	Mittelrotbraun, MF 204
Dark Fawn	Dunkelrotbraun, DF 205
Light Brown	Hellbraun, LB 209
Medium Brown	Mittelbraun, MB 301
Dark Brown	Dunkelbraun DB 410
Bay Black	Schwarzbraun BB 360
True Black	Schwarz TB 500
Light Rose Grey	Hellgraubraun, LRG 408
Medium Rose Grey	Mittelgraubraun, MRG 211
Dark Rose Grey	Dunkelgraubraun, DRG 306
Light Silver Grey	Hellsilbergrau LSG 401
Medium Silver Grey	Mittelsilbergrau, MSG 402
Dark Silver Grey	Dunkelsilbergrau, DSG 404
Multicolor	Mehrfarbig, MC 600

Die Fellfarben der Neuweltkameliden reichen von Reinweiß über Beige-, Grau-, Dunkel- oder Rotbrauntöne bis hin zu Schwarz. Auch Multicolor, also zwei- oder dreifarbig gescheckte oder gepunktete Tiere sind üblich. In Quetchua, der Sprache der Ureinwohner, gibt es für die einzelnen Farben und Muster eigene Bezeichnungen.

Lamas sind recht stattliche Begleiter auf einer Tour. Dennoch lassen sie sich leicht führen, sogar über ungewöhnliche Hindernisse.

Das Lama

Lamas *(Lama glama)* sind die größten unter den Neuweltkameliden und stammen von den Guanakos ab. Ihre Widerristhöhe liegt bei 1,10 m bis 1,20 m. Vom Gewicht her liegen Lamas zwischen 100 und 150 kg und es lassen sich vier verschiedene Wolltypen unterscheiden:

- Das Classic-Lama ist am weitesten verbreitet: Es ist nicht durchgehend bewollt, an Beinen, Bauch und Hals besitzt es kein dichtes Vlies.
- Das Woolly-Lama entstand durch Einkreuzung von Alpakas und ist daher ganz bewollt.
- Zwischen diesen beiden Wolltypen gibt es das Medium-Lama, das so aussieht, als hätte es sich nicht entscheiden können, zu welcher Kategorie es gehören will.
- Eine völlig andere Art von Vlies besitzt das seltene Suri-Lama: Die Fasern glänzen, sind gewellt und hängen fast bis auf den Boden. Entlang der Wirbelsäule entsteht so eine Art Mittelscheitel. Durch diese herabhängenden Haarsträhnen wirken Suris viel schmaler als die Artgenossen im dicken Wollmantel. Suris machen weniger als 10% der Gesamtpopulation aus.

Das Alpaka

Nach neuesten, gesicherten Erkenntnissen aus dem Jahr 2001 stammen die Alpakas *(Vicugna pacos)* von den Vikunjas ab. Davor war man davon ausgegangen, dass die Wildform sowohl von Lamas als auch Alpakas das Guanako sei. Alpakas sind kleiner und leichter als Lamas: Das Stockmaß liegt zwischen 80 und 100 cm, das Gewicht zwischen 50 und 80 kg.

Auch bei den Alpakas unterscheidet man verschiedene Wolltypen: das Huacaya und das Suri. Das was man sich landläufig unter einem Alpaka vorstellt, ist das Huacaya: Die Tiere sind am ganzen Körper dicht bewollt und sehen dadurch besonders kuschelig aus. Die Fasern des Fells sind sehr fein und besitzen den sogenannten Crimp, eine definierte Kräuselung oder Wellenbildung.

Durch dieses extrem dichte Vlies entsteht ein enormes isolierendes Luftvolumen, sodass die Tiere äußerst robust gegenüber harten Wetterbedingungen sind. Huacayas sind die harten Kerle unter den Neuweltkameliden. Temperaturen weit unter dem Gefrierpunkt lassen sie völlig kalt, bisweilen suchen sie nicht einmal Schutz in einem Unterstand. Auch Regen kann ihnen nicht viel anhaben, denn die oberen Fasern bilden eine wasserundurchlässige Schicht. Sie haben quasi ihren Regenmantel immer dabei.

Deutlich von den Huacayas unterscheiden sich im Vlies auch die Suris: Bei diesem Felltyp sind die Fasern dünner, seidig weich und glänzend. Sie hängen in Strähnen lockenförmig am Körper herab und scheiteln sich an der Wirbelsäule. Das Suri-Vlies bildet kein so großes Volumen wie das der Huacayas, sodass die Tiere nicht ganz so witterungsunempfindlich sind.

Gut zu wissen

Kreuzungen aus Lama und Alpaka sind relativ häufig und auch fruchtbar, was auf eine nahe genetische Verwandtschaft hindeutet. Auch beim Aussehen liegen sie dazwischen. Sie werden Huarizo genannt.

Die Felltypen Huacaya und Suri in einer bäuerlichen Alpakaherde in Peru.

Suri-Lamas eine besondere Kostbarkeit

von Stefan Germann, Wedemark-Lamas

Bei den domestizierten Neuweltkameliden, also bei Alpakas und Lamas, finden wir Tiere mit unterschiedlicher Faserbeschaffenheit. Wir unterscheiden, je nach Ausprägung des Vlieses, zwischen leicht, mittel und stark bewollten Tieren, sowie dem Typ Suri. Mit etwa 5% ist der Anteil der Suri-Alpakas an der gesamten Alpaka-Weltpopulation sehr gering, der weltweite Bestand der Suri-Lamas dürfte noch weitaus geringer sein. Lamas vom Typ Suri sollen in den Ursprungsländern bereits weit vor der Eroberung durch die Spanier existiert haben und Untersuchungen an mumifizierten Lamas in Südamerika scheinen dies zu belegen.

Suris sind am gesamten Körper stark bewollt, von den Ohren und dem Kopf hinunter bis zu den Sprunggelenken, manchmal bis zu den Zehen. Die Suri-Faser ist relativ fein, gleichmäßig dicht, nicht gekräuselt, also ohne Crimp, und besitzt einen ganz besonderen Glanz. Sie fühlt sich kühl und glatt an. Die Feinheit der Faser nimmt, wie bei allen Alpakas und Lamas, mit zunehmendem Alter etwas ab. Typischerweise hängt das Suri-Haar in langen Strähnen dicht am Körper seitlich herab und das Vlies ist auf der Rückenmitte gescheitelt. Dadurch wirken die Tiere schmal und zierlich. Die Strähnen können gerade oder gewellt sein und sollen bis auf die Haut reichen. Bei älteren Tieren können sie Rastalocken ähneln, bei jüngeren sind sie teilweise als sehr feine Bündel erkennbar.

Suri-Lamahengst in seiner ganzen Schönheit und Ausstrahlung.

Fortsetzung:

Suri-Lamas eine besondere Kostbarkeit

von Stefan Germann,
Wedemark-Lamas

Haltung und Handling

Das Suri-Lama ist eher klein bis mittelgroß, im Körperbau sonst aber wie die anderen Lamatypen. Suris lassen sich sehr gut in unseren Breiten halten, mit einer Besonderheit: Durch ihr charakteristisches Vlies sind Suri-Lamas etwas empfindlicher gegenüber Nässe und Kälte. Sie werden schneller bis auf die Haut nass und in einem kalten Winter frieren sie leichter. Um sich vor der Witterung schützen zu können, brauchen sie daher unbedingt einen Stall.

Gelegentlich ist zu hören, Suri-Alpakas und -Lamas seien nervöser und hektischer, doch das ist ein Gerücht. Es könnte vielleicht daher kommen, dass direkt aus Südamerika importierte Kleinkamele den Umgang mit Menschen weniger gewöhnt sind und deshalb vorsichtiger reagieren als die bei uns geborenen. In den USA und zunehmend auch bei uns werden Suri-Lamas bei Shows präsentiert. Hier zeigen sie ihr Können und das vertraute Verhältnis zu ihren Tierführern, genau wie die anderen Kameliden.

Fellpflege und Schur

In Südamerika werden die Suris selten oder nie geschoren und ihr Vlies kann bis auf den Boden reichen. Bei uns sollten sie schon aus Tierschutzgründen regelmäßig geschoren werden. Die Locken sind recht schwer. Durch die Schur wird das Gewicht reduziert und die

Suri-Alpaka in den Anden von Peru.

Tiere können in den Sommermonaten die Wärme besser abgeben.

Da die Körpertemperatur bei den Kameliden überwiegend über die weniger bewollten Körperpartien, also Achseln, Unterbauch und Innenschenkel reguliert wird, genügt oft eine Teilschur. Bei der Sattelschur etwa werden nur Rücken und Bauch geschoren. Dabei bleiben der besondere Ausdruck und die Eleganz des Suris erhalten. Um die schöne Struktur der Faser zu erhalten und die einzelnen Bündel und Strähnen nicht zu zerstören, sollten die Tiere nicht so fest durchgebürstet werden, wie es bei den anderen Lamatypen üblich und sinnvoll ist.

Zucht

In den USA und in Kanada werden Suris seit bald zwei Jahrzehnten gehalten und gezüchtet, bei uns erst seit einigen Jahren. Die ersten Tiere kamen aus Peru, Chile und Kanada nach Europa. Werden Suri-Lamas mit anderen Lamatypen gekreuzt, entstehen auch mischerbige Tiere mit Faserstrukturen, die dazwischen liegen – meist mit schönerem Glanz und leichter Lockung. Sie werden als Silky bezeichnet. Aus reinen Suri-Lama-Anpaarungen können ebenfalls immer wieder Silky-Tiere hervorgehen.

Wollige Sturköpfe
mit Selbstbewusstsein

Alle Neuweltkameliden – ob Lama, Alpaka, Guanako oder Vikunja – leben in Herdenverbänden mit einem Hengst an der Spitze einer Stutengruppe. Durch ihre Lebensweise in den Anden wurden sie zu äußerst wachsamen, schnell zur Flucht bereiten Tieren, denen die Gruppe Sicherheit bietet.

Obwohl Lamas und Alpakas knuddelig aussehen, sind sie keine Kuscheltiere. Sie sind zwar neugierig und beobachten alles, was um sie herum vorgeht, kommen auch nah an „ihre" Menschen heran, aber wenn Sie die Hand nach ihnen ausstrecken, weichen sie zurück. Natürlich gibt es viele Kameliden, die sich von ihren Haltern am Hals streicheln lassen, Fremden gegenüber aber zurückhaltend sind.

Verhalten und Kommunikation

Untereinander wahren die kleinen Kamele immer einen gewissen Abstand: Deswegen nennt man sie auch „Distanztiere". Sie liegen nie nah beieinander oder suchen gar den Körperkontakt, ihre Siesta halten sie stets mit Abstand zum Nachbarn. Auch gegenseitige Fellpflege wie beispielsweise unter Pferden üblich, kennen sie nicht.

Eine Ausnahme war wohl einer meiner Lamawallache. Er hatte sich eine Zwergziege als „Kratzbaum" auserkoren: Wenn sie unter seinem Kopf stand, rieb er sein Kinn an ihren Hörnern! Es schien beiden zu gefallen, denn auch die Ziege blieb immer ganz ruhig stehen, bis der Wallach mit seiner „Kinnpflege" fertig war. So etwas hatte ich sonst noch nie gesehen oder gehört.

Ohren und Schwanz als Stimmungsbarometer

Wie ein Lama oder Alpaka gestimmt ist, lässt sich an seiner Körpersprache erkennen, vor allem an der Position von Ohren und Schwanz:

- Ohren vorn, Schwanz leicht angehoben: besonders aufmerksam oder neugierig. Die Tiere haben etwas entdeckt und sind bereit zu reagieren.
- Ohren vorn, Schwanz unten: entspannt, aber dabei immer alles im Blick. Das ist zum Beispiel die normale Position bei einem Spaziergang mit den Tieren.
- Ohren locker seitlich abstehend: Das Tier ist entspannt und gelassen. Oft werden die Ohren auf einem Spaziergang kurz zur Seite geklappt, um dann sofort wieder aufgestellt zu werden, denn trotz aller Entspanntheit sind die Tiere stets aufmerksam.
- Ohren nach hinten angelegt: angespannt, nervös, unsicher. Hinweis für den Menschen: Bleib fern, ich möchte nicht berührt werden! Es bedeutet aber nicht, dass das Tier sofort spuckt.

Es lohnt sich, die Ohren der Lamas und Alpakas zu beobachten, sie verraten viel über die Wachsamkeit und die Stimmung des Tieres.

Erhobene Köpfe und flach angelegte Ohren: zwei Lamawallache im Disput. Das Alpaka lässt sich davon nicht beeindrucken.

Gut zu wissen

Je flacher die Ohren am Kopf anliegen, desto verärgerter ist das Lama oder Alpaka.

- Kopf und Hals nach unten gerichtet, Schwanz auf den Rücken geklappt: Unterordnung!
- Ohren nach hinten angelegt, Schwanz steil in die Luft oder nach vorne gerichtet: wachsende Angriffs- oder Verteidigungsbereitschaft.
- flach angelegte Ohren, Kopf steil in die Luft gestreckt, Spucken: Abwehr, Aggressivität, Verteidigung gegen Artgenossen, andere Tiere oder Menschen wie Scherer und Tierärzte, mit denen die Tiere schlechte Erfahrungen gemacht haben.

Lautäußerungen bei Lamas und Alpakas

Neuweltkameliden und Bienen haben etwas gemeinsam – sie können summen. Bei den Andenkamelen klingt es in etwa wie ein beruhigendes „Mmmmmh" in verschiedenen Tonhöhen und die Tiere benutzen es zur Kommunikation untereinander. Sie summen zum Beispiel auch, wenn man zu ihnen kommt. Bei einem Spaziergang mit Alpakas und Lamas kommt es immer wieder vor, dass ein oder mehrere Tiere die ganze Zeit über summen. Das hört sich sehr zufrieden an und diese Stimmung überträgt sich auch auf den, der das Lama führt.

Allerdings gibt es beim Summen Unterschiede bezüglich Tonhöhe und Lautstärke, sodass die Tiere damit vermutlich auch Unsicherheit oder Unwohlsein zum Ausdruck bringen können. Wenn Sie Ihren Tieren zuhören und sie gut beobachten, lernen Sie als Kamelidenhalter mit der Zeit ganz gut zu erkennen, welche Stimmung Ihr Tier mit seinem Summen anzeigt.

Daneben gibt es das Orgeln. Dieser kehlige und relativ hochtonige Laut ist zu hören, wenn ein Lamahengst einem Rivalen hinterher rennt, mit ihm kämpft, wenn er eine Stute verfolgt, um sie möglicherweise zu begatten und beim Deckakt selbst.

Wie ein scharfes, helles Wiehern hört sich der Warnschrei an. Damit alarmiert ein Tier bei Gefahr die übrigen Herdenmitglieder. In den Anden könnte es sein, dass es beispielsweise einen Puma gesichtet hat, in unseren Breitengraden können es fremde Hunde oder sogar Greifvögel sein, die die Kameliden beunruhigen. Ich selbst habe nur einmal einen Warnschrei erlebt: Auf einer Tour mit den Tieren rannte ein fremder Hund kläffend hinter unserer Gruppe her. Das Leitlama blieb stehen, stieß den Schrei aus und versetzte die übrigen Lamas und Alpakas damit sichtlich in Alarmstimmung!

Kameliden können auch schnauben wie Pferde. Es scheint eine eher ablehnende Reaktion zu sein. Ich biete meinen Tieren zum Beispiel gern klein geschnittene Karotten und Äpfel, weil sie sie normalerweise sehr mögen. Es gibt aber auch Momente, wo sie sie verschmähen. Dann zeigen sie mir überdeutlich durch Kopfschütteln und Schnauben: „Heute kannst du dein Gemüse selber essen!"

Spit happens – auch Spucken gehört dazu

Die erste Frage, wenn es um Lamas und Alpakas geht, ist: „Spucken die mich an?" Nein, Menschen werden von diesen Tieren nicht gezielt angespuckt. Sie werden höchstens getroffen, sollten sie gerade im Weg stehen. Grund genug, die Kameliden im Auge zu behalten, besonders dann, wenn ein Lama oder Alpaka in eine Zwangslage und dadurch in Panik gerät.

Es kann schon einmal zu Spuckattacken kommen, wenn Alpakas auf einem Schertisch oder Lamas in einem engen Scherstand fixiert werden müssen. Ein solches Tier spuckt, weil es sich nicht anders zu wehren weiß.

Spucken ist eine Abwehrreaktion der Tiere, die bei Rivalitäten und Streitereien untereinander klare Verhältnisse schaffen soll. Kommt Futterneid ins Spiel, kann es vorkommen, dass Tiere von anderen Herdenmitgliedern vom Futtertrog weggespuckt werden.
Als Vorstufe des Spuckens geben die Tiere gurgelnde Geräusche von sich. Strecken sie dabei ihren Hals weit nach oben und liegen die Ohren ganz flach am Kopf an, heißt dies, dass sie einen Artgenossen zum letzten Mal warnen, bevor sie ihm eine Ladung ins Gesicht spucken. Die Reichweite des Spuckstrahls beträgt beeindruckende drei bis vier Meter!

Nach dem Spucken steht ein Lama oder Alpaka noch eine Zeitlang mit leicht geöffnetem Maul und hängender Unterlippe da: Man nennt dies „Airing“, also Englisch für Lüften. Es scheint, als sei es für die Tiere selbst auch sehr unangenehm und als wollten sie den üblen Geschmack oder Geruch wieder loswerden.

Gruppenverhalten

Sowohl in Lama- als auch Alpakaherden herrscht eine klare Hierarchie: Normalerweise führt ein Hengst eine Stutenherde an. Dieses „Chef-lama“ wacht auch über die restliche Herde, er beobachtet die Gegend bevorzugt von einem erhöhten Ort aus und stößt bei vermeintlicher Gefahr einen Warnschrei aus.

Innerhalb der Herde gibt es Tiere, die sich ausgesprochen gut verstehen und auch solche, die sich nicht mögen. Auf einer Tour sollte man solche Sympathien oder Antipathien der Tiere beachten und nicht gerade zwei, die sich nicht so leiden mögen, nebeneinander laufen lassen. Sonst kann es passieren, dass die Person, die das Lama führt, zwischen die Fronten gerät und eine Ladung Spucke abbekommt! Besser also, Sie lassen ein neutrales Tier – sozusagen als „Puffertier“ – zwischen den beiden laufen, die sich nicht so gut miteinander vertragen.

Der kleine Alpakahengst Picasso wird als Neuling von der Gruppe als Erstes intensiv beschnuppert.

Nach der Schur kann ich immer beobachten, wie die geschorenen Tiere untereinander leicht „fremdeln“. Vielleicht spielt die veränderte Optik dabei eine Rolle, dass sich die Tiere nicht sofort wiedererkennen. Sie schnuppern sich gegenseitig ab und zeigen daraufhin, dass alles ok ist.

Einander erkennen

Wenn Sie einen Neuankömmling in eine bestehende Lama- oder Alpakagruppe integrieren möchten, dann wird er meist zuerst einmal gemobbt, das heißt von den anderen über die Weide gejagt. Der Neuling sieht nicht nur fremd aus, er hat auch einen unbekannten Duft. Der Geruchssinn spielt bei Kameliden eine große Rolle und ist sehr gut ausgebildet.

Es ist wohl so, dass sich Mitglieder einer Herde unter anderem gegenseitig auch am Geruch erkennen. Es dauert eine Zeit, bis der neue Geruch als zur Herde gehörig betrachtet wird und das neue Lama oder Alpaka vollständig integriert ist.

„Alpakamädels“ unter sich.

Stuten untereinander

In einer reinen Stutenherde, wenn die Stuten nicht gedeckt sind und keine Fohlen haben, geht es ähnlich zu wie in einer Hengstherde: Die Rangordnung wird ständig neu ausgerichtet, wobei die rangniedrigen Tiere immer wieder versuchen, in der Hierarchie aufzusteigen. Stuten machen diese Rangeleien aber mit weniger Körpereinsatz, sondern eher durch Spucken und Lautäußerungen aus. Wenn die Stuten trächtig sind oder ein Fohlen bei Fuß haben, ändert sich ihr Verhalten. Sie sind dann eigenwilliger und richtiggehend „zickig“. Besonders deutlich wird dies kurz nach der Geburt eines Fohlens, wenn die Stute das Neugeborene beschützen will.

Hengste untereinander

Hengste untereinander sind prinzipiell immer in Konkurrenz. Durch spielerisches Kräftemessen versuchen sie schon als Jungtiere, ihren Rang klarzustellen. Lamas und Alpakas werden mit etwa 18 Monaten geschlechtsreif, ein Junghengst sollte aber nicht unter einem Alter von zwei Jahren zum Decken herangezogen werden.

Bevor Hengste miteinander kämpfen, jagen sie sich gegenseitig hinterher und versuchen, den Gegner durch Beißen in die Hinterbeine in die Knie zu zwingen. Sie schlagen auch mit den muskulösen Hälsen und dem Brustkorb aneinander, steigen auf die Hinterbeine oder rempeln sich an. Falls beide Kontrahenten noch Hengstzähne besitzen, können solche Kämpfe auch blutig enden!

Gut zu wissen
Die Kampfzähne der Hengste befinden sich im hinteren Bereich des Kiefers, sind messerscharf und können schwere Verletzungen verursachen. Manche Kamelidenbesitzer lassen sie vom Tierarzt entfernen oder abschleifen.

Nachwuchs

Die Fohlen von Lamas und Alpakas können in jedem Monat des Jahres zur Welt kommen, denn die Stuten sind ganzjährig paarungsbereit. Der Eisprung wird bei ihnen durch den Deckakt selbst ausgelöst. Die meisten Züchter wählen den Zeitpunkt des Deckens so, dass die Crias, wie die Fohlen der Lamas und Alpakas in Südamerika genannt werden, im Frühling oder Herbst geboren werden. In diesen Jahreszeiten herrschen weder extrem hohe noch niedrige Temperaturen, und das bedeutet für die Mütter weniger Stress während der Trächtigkeit.

Der Deckzeitpunkt sollte auf jeden Fall so gewählt werden, dass die Geburt bei den Stuten nicht in den Winter fällt, denn sie lecken ihre Kleinen nicht trocken. Die Fohlen müssen von selbst trocknen. Sind Sie dann nicht sofort zur Betreuung der Fohlen vor Ort, können die Kleinen sogar erfrieren.

Bei den Neuweltkameliden ist mit einer Trächtigkeitsdauer von ungefähr 350 Tagen, also rund einem Jahr, zu rechnen. Halten Sie Ihren Deckhengst mit den Stuten zusammen, dann weiß dieser ganz genau, welche Stute bereits gedeckt und welche es noch nicht ist. Eine gedeckte Stute wird den Hengst anspucken, um ihm deutlich klarzumachen, dass er sich fernhalten soll. An diesem Verhalten kann der Züchter auch erkennen, dass die betreffende Stute trächtig ist.

Die Geburt und Aufzucht

Neuweltkameliden bringen ihre Fohlen meist leicht und ohne Eingreifen des Menschen zur Welt und zwar vorwiegend am Vormittag. Dann sind die Neugeborenen auf jeden Fall bis zum Abend getrocknet.

Noch ist es Spielerei und Training: zwei junge Alpakahengstchen beim Kräftemessen.

Sofern genug Platz ist, beginnt der Deckakt mit einer Art Vorspiel, bei dem der Hengst die Stute verfolgt und sie zum Hinlegen zwingt. Daraufhin bespringt er sie im Liegen, begleitet von lauten, orgelnden Geräuschen.

Die anderen Alpakas begrüßen den kleinen Neuankömmling in der Herde durch ausführliches Beschnuppern.

Bereits einige Wochen vor der erwarteten Geburt sollte der Hengst von der Stutenherde getrennt und frühestens eine Woche danach wieder zurückgebracht werden, denn der günstigste Zeitpunkt für eine erneute Paarung liegt zwischen dem 10. und 12. Tag nach dem Abfohlen.

Die Stuten zeigen wenig Anzeichen, wenn die Geburt kurz bevorsteht. Sie sind vielleicht etwas unruhig, legen sich öfter hin und setzen Kot ab. Die Geburt selbst verläuft meist ohne Probleme und das Fohlen wird von der Mutter mit Summen begrüßt. Auch die anderen Stuten scharen sich um den Neuankömmling. Viele Fohlen versuchen schon nach einigen Minuten aufzustehen, spätestens nach einer halben Stunde stehen sie dann auf ihren langen Beinen und machen sich auf die Suche nach der „Milchbar". Übrigens knabbern die Fohlen schon nach wenigen Tagen an Gras und Heu, können es aber erst sehr viel später verwerten.

Spätestens wenn die Stute ein neues Fohlen geboren hat, muss das ältere von der Milchbar weichen. Die Fohlen trinken bis zu einem Jahr, je nachdem wie geduldig die Stute oder wie gut der körperliche Zustand von Mutter und Jungtier ist. Um die Zuchtstuten zu schonen, setzen Züchter die Fohlen oft schon mit einem halben Jahr ab und lassen sie in sogenannten Jungtiergruppen weiter aufwachsen.

Gut zu wissen

Als Halter brauchen Sie meistens nicht viel zu tun, außer den Nabel des Fohlens gleich nach der Geburt zu desinfizieren. Sehen Sie auch nach, ob das Darmpech abgesetzt wurde, denn sonst müssen sie vielleicht einen Einlauf machen. Tritt Durchfall bei Fohlen auf, ist dies immer ein Alarmsignal und Sie sollten schnell handeln: Notfallmedikamente verabreichen und den Tierarzt verständigen.

Sonderfall fehlgeprägte Hengstfohlen: das Berserker-Syndrom

Dieses im Englischen „Berserk Male Syndrome" genannte Verhaltensproblem kann auftreten, wenn ein Hengstfohlen während der Prägephase, das heißt innerhalb der ersten neun Lebensmonate, zu intensiven Kontakt mit Menschen hatte. Bei der Aufzucht von Hengstfohlen ist es deshalb wichtig, sich mit Zuneigungsbekundungen sehr stark zurückzuhalten, also nicht mit den Fohlen kuscheln oder sie ausgiebig streicheln. Der kleine Hengst sieht Sie sonst nicht mehr als Respektsperson, sondern als Artgenossen und somit Rivalen, den es unter Umständen zu bekämpfen gilt. Vor allem in Anwesenheit einer Stute kann ein fehlgeprägter, geschlechtsreifer, ausgewachsener Hengst für seinen Halter lebensgefährlich werden. Meist muss er dann eingeschläfert werden.

Zwar lassen sich Fehlprägungen auch durch eine frühzeitige Kastration verhindern, doch am besten ist es, Hengstfohlen in der Herde mit Altersgenossen groß werden zu lassen. Dort können sie spielerisch das artspezifische Sozialverhalten erlernen und sich normal entwickeln. Bei Flaschenaufzuchten lassen sich Fehlprägungen durch eine künstliche Lamamutter umgehen. Amerikanische Züchter verwenden diese Methode gern. Eine oft mit Lamafell überzogene Holzattrappe, bei der sich an der Stelle des Euters eine Saugflasche befindet, die mehrmals täglich frisch befüllt wird, soll die echte Mutter ersetzen.

Die kleine „Peppine“ noch keine drei Stunden alt.

Interview mit einer Alpakazüchterin

Gabriele Schäfer im Gespräch mit der Autorin Claudia Ade

Gabriele Schäfer züchtet seit zehn Jahren Alpakas in Stuttgart-Untertürkheim. Ihre gepflegte kleine Zuchtanlage liegt inmitten von Obstbaumwiesen und Weinbergen am Fuß des „Württemberg".
Webseite: www.württemberg-alpakas.de

Wie kommt man dazu, Alpakas zu züchten? Im Jahr 2004 besuchte ich mit meiner Familie das Landwirtschaftliche Hauptfest auf dem Cannstatter Wasen in Stuttgart. Unter vielen anderen Bauernhoftieren waren dort auch Alpakas. Ein Blick in ihre Augen – es war sprichwörtlich Liebe auf den ersten Blick! Bereits auf dem Hauptfest informierte ich mich ausgiebig über diese Tiere und schon sehr bald danach beschloss ich, selbst zu züchten. Weil ich damals schon Jamora-Kaninchen und New-Hampshire-Hühner gezüchtet habe, brachte ich eine gewisse Tierzuchterfahrung mit – auch wenn sich Alpakas nicht gerade mit Kaninchen und Hühnern vergleichen lassen.

Mit wie vielen Tieren haben Sie angefangen? Ich habe mir zuerst zwei tragende Stuten, eine Jungstute und einen Wallach gekauft.

Welche Kriterien sind für Sie beim Kauf von Zuchttieren ausschlaggebend? Mein Hauptaugenmerk liegt auf der Beschaffenheit und Qualität des Vlieses, aber natürlich ist ein gesundes und wohlproportioniertes Tier ebenso wichtig. Man sollte sich auf alle Fälle vor dem Kauf von Zuchttieren überlegen, welches Zuchtziel man verfolgt, das heißt, was man mit den

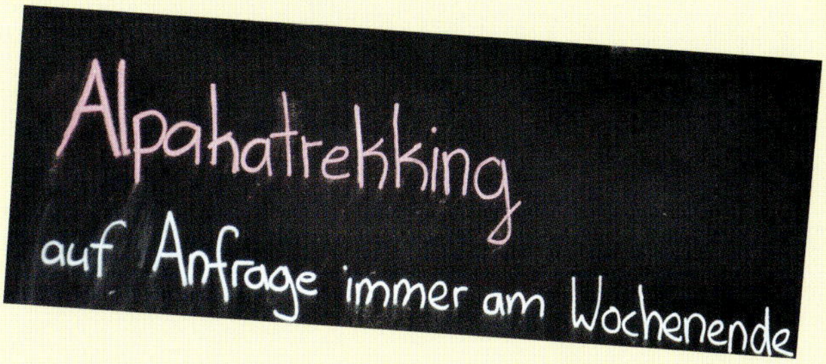

selbst gezüchteten Nachkommen vorhat. Wenn Sie beispielsweise Ihre Nachzuchten verkaufen möchten, dann sollten sie den aktuellen Geschmack des Marktes treffen. Das ist natürlich schwierig, weil sich Trends schnell ändern und vom Decken bis zum Verkauf des Jungtieres zwischen eineinhalb und zwei Jahre liegen. Dann kann schon wieder ein ganz anderer Trend vorherrschen.

Wie viel kosten Zuchttiere durchschnittlich? Für eine Zuchtstute müssen Sie auf alle Fälle mit einer Summe zwischen vier- und zehntausend Euro rechnen, für einen Zuchthengst je nach Qualität sogar noch mehr. Nach oben sind also keine Grenzen gesetzt. Die Decktaxe bei einem guten Zuchthengst liegt um tausend Euro. Aber vor allem für Hobbytiere sind die Preise in den letzten Jahren stetig gesunken.

Es kann immer wieder vorkommen, dass auch aus Verpaarungen von einwandfrei erscheinenden Tieren Nachkommen mit genetisch bedingten Mängeln entspringen. Welche sind das? Zu den häufigsten Mängeln gehören Fehlstellungen der Beine, also X-Beine oder Kuhhessigkeit der Hinterbeine, andere sind ein durchhängender Rücken, Fehlstellungen der Zähne, fünf Zitzen, Blauäugigkeit und noch einige andere.

Eine Frage zum Abschluss: Bieten Sie neben Ihrer Zuchttätigkeit auch andere Aktivitäten mit Ihren Alpakas an? Ja, all unsere Hengste werden so ausgebildet, dass man mit ihnen kleinere Touren unternehmen kann. Außerdem bieten wir unterschiedliche Gelegenheiten, bei denen Mensch und Tier in Kontakt kommen können, etwa Kindergeburtstage, Besuche von Schulklassen oder anderen Gruppen, die sich für die Tiere interessieren.

Weiter viel Erfolg und Freude mit Ihren wunderschönen Tieren!

Lamas und Alpakas als Hobbytiere halten

Möchten Sie also Ihre Freizeit künftig mit Alpakas oder Lamas teilen, dann sollten Sie bedenken, dass diese Tiere Artgenossen brauchen, um sich wohlzufühlen. Das bedeutet, dass Sie sich mindestens zwei Tiere anschaffen müssen. Auch vom Tierschutzgesetz her ist Einzelhaltung überhaupt nicht erlaubt.

Natürlich sollten Sie sich auch überlegen, für welchen Zweck Sie sich die Tiere anschaffen. Sollen es private Rasenmäher für ein größeres Gelände sein, werden sie zur Landschaftspflege eingesetzt, sollen sie als Trekkingtiere verwendet werden, möchten Sie die Wolle verarbeiten oder die Tiere züchten? All dies ist für die Auswahl entscheidend.

Die Möglichkeiten

Für Wanderungen, Trekking, tiergestützte oder sonstige Freizeitaktivitäten eignen sich Wallache am besten. Sie sind vom Wesen her angenehm, ausgeglichen, leicht im Umgang und sie kommen untereinander sehr gut aus.

Eine gemischte Herde aus Wallachen und Stuten geht ebenfalls, dann allerdings sollten die Wallache nicht sofort nach der Kastration zu den Stuten gestellt werden. Es dauert immer eine gewisse Zeit, bis der Hormonspiegel soweit gesunken ist, dass sie sich nicht mehr wie Hengste fühlen und verhalten.

Boy Group: Auch eine reine Hengstherde lässt sich ganz ohne Stuten in der Nähe gut halten. Die Tiere unterscheiden sich dann in ihrem Verhalten den Menschen gegenüber kaum von Wallachen.

Wenn Sie züchten möchten, dann brauchen Sie Hengste und Stuten. Dabei können Sie aber immer nur einen Hengst mit mehreren Stuten zusammen halten, sonst würden sich die „Machos“ heftige Kämpfe liefern, bei denen sie sich gegenseitig rempeln und auch ihre Kampfzähne einsetzen.

Doch auch bei einem Hengst sollten Sie sich vor der Anschaffung Gedanken darüber machen, wo Sie ihn vorübergehend von den Stuten getrennt unterbringen können. Für einen einzelnen Hengst ist es schwierig, eine Zeitlang allein ohne Sichtkontakt auf einer Koppel zubringen zu müssen. Und hat er Sichtkontakt zur Stute, wird er alles daran setzen, einen Weg zu ihr zu finden! Die beste Lösung wäre dann ein Züchter in Ihrer Umgebung, der Ihren Hengst eine Weile beherbergen würde.

Mehrere Hengste müssen Sie getrennt unterbringen. Entweder Sie geben jedem seine kleine Herde oder Sie halten die Hengste in einer Extraherde. Diese sollte aber keinen Sichtkontakt zu den Stuten haben, denn dann kann es trotzdem zu Kämpfen kommen.

In einer WG mit anderen Tierarten, geht das?

Sie können zwar Esel, Ziegen, Schafe, Pferde oder Ähnliches mit Kameliden vergesellschaften, ein wirklicher Ersatz für Artgenossen sind sie aber nicht. Bei Eseln und Pferden besteht außerdem die Gefahr, dass sie die Andenkamele durch Ausschlagen oder Beißen ernsthaft verletzen können. Es muss nicht sein, kann aber sein!

Sie verstehen sich nicht von der Körpersprache her, haben andere Fluchtreflexe und Regeln im Zusammenleben untereinander und auch ungleiche Waffen zur Verteidigung, wenn sie kämpferisch ihre Hierarchie untereinander ausmachen. Pferde, Ponys und Esel sind meist größer und schwerer und sie können durch Bisse und Tritte den Kameliden erhebliche bis tödliche Verletzungen zufügen.

Wählen Sie Ziegen, sollten Sie daran denken, dass diese gern ihre Hörner benutzen, um Konkurrenten vom Futterplatz „wegzuboxen“. Wählen Sie also als Begleiter für Lamas und Alpakas möglichst hornlose Ziegen, denn sie haben keine scharfen Waffen mehr, um sie gegen die Kameliden einzusetzen. Was sie aber nicht davon abhält, mit der Stirn weiterzuboxen.

Lamas und Alpakas haben solchem Verhalten nichts entgegenzusetzen, außer ihren „Angreifer“ anzuspucken. Ein Pferd, ein Esel oder eine Ziege nehmen dies meist nicht einmal als Abwehrreaktion wahr, geschweige denn, dass sie sich zurückziehen würden. Als ich meine Lamas und Alpakas eine Zeitlang an einem großen, ovalen Tisch mit Kraftfutter versorgte, sprang immer mindestens eine Ziege auf den Tisch und boxte wild mit den Hörnern um sich, während eine andere

Achtung Parasiten!

Kameliden richten Kotstellen ein und halten ihre Weideflächen sehr sauber, während Pferde und die anderen aufgeführten Tiere ihren Kot überall auf der Weide hinterlassen. Werden sie zusammen gehalten, sollten Sie Ihre Lamas und Alpakas öfter entwurmen, um dem erhöhten Infektionsrisiko durch Parasiten zu begegnen.

Ziegen und Kameliden vertragen sich recht gut, allerdings sollte man sie beim Füttern von Kraftfutter oder anderen Leckereien trennen.

das Gleiche unter dem Tisch vollführte! Damit war für die sanftmütigen Kameliden die Futteraufnahme erledigt. Von da an gab's nur noch getrennt etwas zu futtern!

Zu Problemen zwischen Pferden und Kameliden kann es auch kommen, wenn sich letztere zum Wiederkäuen niederlegen. Dazu brauchen sie Ruhe, werden aber jedesmal aufgescheucht, sobald sich ein Pferd nähert.

Rückzugsort

Worauf Sie außerdem Wert legen sollten, ist, dass die Kleinkamele auf dem Areal, das sie gemeinsam mit anderen Tieren bewohnen, einen trockenen Platz bekommen, zu dem nur sie und kein anderes Tier Zutritt haben. Das ist vor allem wichtig, wenn sie mit Pferden, Eseln und Rindern zusammen gehalten werden, denen sie grundsätzlich weichen, wenn sie sich ihnen nähern. So finden die Kameliden unter Umständen keinen Platz, wo sie sich beispielsweise hinlegen können, um wiederzukäuen.

Woher bekomme ich meine ersten Wollkamele?

Falls Sie sich entschlossen haben, selbst Lamas oder Alpakas oder beides zu halten und am liebsten gleich losziehen und „shoppen“ gehen möchten – langsam! Fangen Sie damit an, zuerst die nötigen Bedingungen für die Haltung dieser wunderbaren Tiere zu schaffen. Informieren Sie sich genau über die Haltungsart der Tiere und kümmern sich dann um Stall, Weidefläche, Einzäunung und die Versorgungsmöglichkeiten.

Was Sie allerdings schon mal machen können, ist, sich bei verschiedenen Züchtern und eventuell auch Privatpersonen, die ihre Tiere meist im Internet anbieten, umzusehen. Die beste Zeit, die Tiere zu kaufen, ist das Frühjahr. Dann ist die Auswahl am größten, weil die Fohlen vom vergangenen Jahr als Jährlinge oder Absetzer zum Verkauf stehen. Außerdem können sich Ihre neuen Kameliden gleich über ihre frische Weide hermachen. Für Sie selbst bedeutet das zugleich weniger Arbeit und Aufwand für die Versorgung.

Gut zu wissen
Für Sie als Neueinsteiger ist es empfehlenswert, sich entweder bei anderen Kamelidenhaltern oder bei einem Verband zu erkundigen.

Entscheiden Sie sich erst nach einer eingehenden Beurteilung zum Kauf der Tiere. Bis Sie schließlich sämtliche Vorbereitungen für den Einzug Ihrer Lamas oder Alpakas getroffen haben, wird jeder seriöse Züchter sie noch so lange bei sich behalten.

Eine weitere Möglichkeit ist, Tiere zu übernehmen, die bei der Nothilfe gelandet sind, weil sie falsch oder schlecht gehalten worden waren oder durch Notlagen der Besitzer abgegeben werden mussten.

Kriterien für den Kauf

Wichtig ist bei der Auswahl vor allem, dass Sie Tiere kaufen, die gesund sind und mit Menschen vertraut. Nobody is perfect und kleine Fehler machen oft den besonderen Charme aus. Trotzdem sollte das Tier generell wohlproportioniert sein und einen korrekten Körperbau besitzen.

- Der **Schwanz** sollte gerade sein und nicht gekrümmt abstehen. Eine Krümmung kann von einer Verletzung herrühren oder auch genetisch bedingt sein. In dem Fall könnten Probleme an der Wirbelsäule bei nachfolgenden Generationen auftreten.
- Die Größe der **Ohren** sollte in den Proportionen zum übrigen Körper des Tieres passen, wobei allerdings die Form, das heißt bananenförmig oder gerade, völlig gleichgültig ist und vom Geschmack des Käufers abhängt.
- Die unteren **Schneidezähne** spielen bei der Beurteilung eine wichtige Rolle. Bei geschlossenem Maul sollen sie mit der Kauplatte im Oberkiefer abschließen und nicht überstehen. Umgekehrt darf auch die

Kauplatte nicht über die unteren Schneidezähne hinausragen. Schwierig ist die Beurteilung bei einem Tier unter drei Jahren, weil erst in diesem Alter die Milchzähne durch die bleibenden ersetzt werden. In einem solchen Fall empfiehlt es sich, die Elterntiere zu begutachten.

- Bei Alpakas spielt natürlich die **Wollqualität** eine Rolle. Hierbei werden **Feinheit**, **Dichte** und der sogenannte **Crimp**, das ist die Stärke der Kräuselung der Fasern, begutachtet. Dieser Crimp wird in Mikron angegeben (1/1000 mm). Scheitelt man die Alpakawolle und am Haaransatz ist nur wenig Haut sichtbar, dann handelt es sich um ein sehr dichtes Vlies. Ist ein breiter Streifen Haut zu erkennen, ist entsprechend das Vlies nicht sehr dicht.

An der unterschiedlichen Ausprägung des Crimps lassen sich die Qualitätsunterschiede der Wolle ablesen.

Der stärkere Crimp zeigt deutlich die höhere Qualität des Vlieses.

- Die **Rückenlinie** sollte bei Lamas gerade, bei Alpakas leicht gebogen sein.
- Der Beurteilung der **Vorderbeine** sollten Sie mehr Bedeutung beimessen, da auf ihnen die Hauptlast des Körpergewichtes ruht. Die Vorderbeine sollten von der Schulter nach unten zu gerade verlaufen – auch von der Seite aus betrachtet. Die Zehen sollten parallel zueinander stehen und die Zehennägel dürfen nicht krumm sein. Unter dichter Bewollung lässt sich x-Beinigkeit oft nicht eindeutig erkennen! Damit Sie bei Tieren wie Woolly-Lamas oder Alpakas die Konturen richtig erkennen können, dürfen Sie ruhig die Vorderbeine nass machen.

Lamas und Alpakas retten

von Martina Wiede,
NWK-Notfallhilfe

Frisch aus dem Krankenhaus entlassen, humpele ich das erste Mal seit Wochen auf die Wiese zu unseren Lamas und Alpakas. Ich hab sie vermisst. Lange halte ich es noch nicht aus, muss zurück ins Bett. Zwei Tage später liegt mein Lebensgefährte ebenfalls flach. Zum Glück ist es Sommer, niemand muss Wasser schleppen, die Tränken sind nicht eingefroren und die Tiere haben ausreichend Gras auf der Wiese. Die Nachbarn helfen aus, bringen Heu zu den Lamas und Alpakas. Aber ein Gedanke bleibt: Was, wenn wir die Tiere plötzlich nicht mehr halten können?

Oder wenn das anderen Haltern passiert? Unsere Amtstierärztin sagt uns in einem Gespräch, es gebe auch Fälle, in denen das Amt eigentlich Alpakas oder Lamas beschlagnahmen müsste, aber sie könnten selten artgerecht untergebracht werden.

Nach all diesen Überlegungen gab es für uns keine Zweifel mehr: Eine Nothilfe für Neuweltkameliden muss her!

Nach einem Internetaufruf unter Lama- und Alpakahaltern kamen viele Hilfsangebote von Menschen, die Tiere aufnehmen konnten, vorübergehend oder dauerhaft. Selbst Leute, die sie zwar nicht halten, aber doch transportieren konnten, meldeten sich. So entstand die Vermittlungsstelle, zuerst als bloße Adressenliste von Haltern mit Kamelidenerfahrung, dann als Website:
http://nwk-nothilfe.beepworld.de.
Dort werden alle aktuellen Notfälle veröffentlicht.

Bundesweit sind mittlerweile alle Veterinärämter über die Nothilfe informiert und haben somit Unterbringungsmöglichkeiten für beschlagnahmte Tiere. Manchmal sind dies Tiere, die in einem Verschlag vor sich hinvegetieren müssen. In einer solchen Situation entdeckte ein Passant einen Lamahengst eher zufällig und schaltete das Veterinäramt ein. Dieses wandte sich an die Nothilfe und so wurde Phönix, der Lamahengst vom Schrottplatz, gerettet.

Manchmal heißt Nothilfe auch, dem Leiden ein Ende zu setzen. Leider gibt es Fälle, wo Tiere schon als Fohlen fehlgeprägt und mit der Geschlechtsreife bösartig wurden. Ebenso schwerkranke, denen nicht mehr geholfen werden kann. Hier wird die Nothilfe beratend tätig und hilft, die für das Tier richtige Entscheidung zu treffen.

So können Sie helfen

Wer Lamas und Alpakas sieht, die nicht artgerecht gehalten werden, deren Fußnägel sich krümmen, die im heißen Sommer ungeschoren mit verfilzten Wollplacken herumlaufen, denen kein Wasser zur Verfügung steht oder die in einem Verschlag vegetieren müssen, der wende sich bitte immer sofort an das zuständige Veterinäramt, mit Angabe zum Standort der Tiere! Teilen Sie dann dem Amt die Kontaktdaten zur NWK-Nothilfe mit. So erleichtern Sie dem Amt die Arbeit und den Tieren wird schneller geholfen.

Was uns noch fehlt, das ist eine Auffangstation, die auch solche Lamas und Alpakas aufnimmt, die nicht sofort vermittelt werden können. Aber die NWK-Nothilfe ist erst drei Jahre jung und hat schon viele Tiere und Menschen glücklich zusammengebracht. So blicken wir hoffnungsvoll in die Zukunft, dass sich auch eine kamelidengerechte Auffangstation irgendwann finden wird.

Wenn Sie als Halter selbst durch Krankheit, Unfall oder äußere Umstände nicht mehr für Ihre Tiere sorgen können, melden Sie sich bei der Nothilfe, wir werden unser Möglichstes versuchen.

Und wer Tiere vermittelt haben möchte, der kann mit dem künftigen Besitzer einen Schutzvertrag schließen, Vordrucke hierzu finden sie auf der Homepage der Nothilfe.

Für die Hobbyhaltung ist es nicht nötig, nach einem prämierten Ausstellungslama oder -alpaka zu suchen.

Unterbringung – so fühlen sich Andenkamelchen wohl

Am natürlichsten und am artgerechtesten für Kameliden ist es, sie auf der grünen Wiese zu halten. Reine Stallhaltung ist überhaupt nicht erlaubt, vorübergehend allerdings gestattet, zum Beispiel bei widrigen Wetterbedingungen. Als Weide eignet sich im Prinzip jede Art Wiese, die auch von anderen Huftieren genutzt werden könnte.

Weil Alpakas und Lamas meistens freizeitmäßig gehalten werden, gibt man ihnen oft solche Weiden, die sich für die intensive Nutzung weniger eignen oder schwer zugänglich sind. Dies hat aber auch Vor-

Lamas und Alpakas müssen auf jeden Fall weiden können, auch ein Teil einer Streuobstwiese eignet sich perfekt dafür.

Das Wälzen dient der Fellpflege und ist auch ein Zeichen von Wohlbehagen.

teile, denn vor allem steiles Gelände kommt dem Naturell von Lamas und Alpakas sehr entgegen. Sie lieben es, wenn sie einen Überblick über die umgebende Landschaft haben und sich dafür einen erhöhten Standort auswählen können.

Gut zu wissen
Nicht von Vorteil sind feuchte Wiesen, sie können der Gesundheit Ihrer Andenkamele schaden.

Eine ihrer Lieblingsbeschäftigungen sind Staub- oder Sandbäder. Die Tiere werden sich selbst einen Platz auf der Wiese oder in ihrem Freigelände auswählen, wo sie sich wälzen. Mit der Zeit wächst dort natürlich kein Gras mehr! Sind dazu noch Büsche oder Gestrüpp vorhanden, in denen sie sich von den Zweigen kratzen lassen können, ist ihr Spa-Bereich komplett!

Soviel Fläche brauchen Sie

Die Weidengröße und die Anzahl der Tiere, die darauf gehalten werden, sind ausschlaggebend dafür, ob eine Wiese als Futtergrundlage oder als Bewegungsfläche dient. Für einen Auslauf gelten für zwei Tiere 1000 m^2 als Minimum, für jedes weitere Tier sind zusätzlich 100 m^2 einzukalkulieren. Soll dagegen die Nährstoffversorgung über die Weide stattfinden, so rechnet man für zehn Lamas oder 15 Alpakas eine Mindestfläche von 1 ha. Diese Fläche reicht den Tieren, um ihren gesamten Futterbedarf zu decken.

Portionsweide

Kameliden verursachen auf einer Wiese kaum Trittschäden. Ihre weichen Sohlen pflegen den Bewuchs eher als dass sie ihm Schaden zufügen. Damit die Weide nachwachsen kann, ist es sinnvoll, das gesamte Gelände zu unterteilen. Die einzelnen Portionen lassen sich leicht mit Elektro-Weidezäunen abtrennen, die nach dem Abweiden einfach umgesteckt werden. Die Tiere bleiben nur solange auf einem abgesteckten Teil, bis das Gras abgefressen ist. Dann kommen sie in einen frischen Bereich. Dies gibt den Pflanzen die Möglichkeit, sich nach einer relativ kurzen Beweidungszeit über eine längere Periode vollständig zu regenerieren.

Obstbaumwiesen

Von Obstbäumen gesäumte Wiesen sind nicht nur schön und bieten Schatten, Ihre Tiere können sich im Herbst außerdem an den heruntergefallenen Äpfeln oder Birnen bedienen. Achten Sie aber darauf, dass sie nicht zu viel zu sich nehmen, denn sie könnten Durchfall bekommen. Meist finden die Tiere aber das richtige Maß. Meine Lamas und Alpakas verlieren bei einem Überangebot an Äpfeln irgendwann das Interesse daran oder knabbern jeden Apfel nur noch etwas an. Sie haben nie Schaden genommen und immer nur so viel gefuttert, wie für sie auch verträglich war.

Wollen Sie aber Ihre Obstbäume überhaupt nicht den Tieren überlassen und sogar verhindern, dass sie sich an den Früchten, Ästen und auch an der Rinde gütlich tun, dann sollten Sie die Bäume mit Maschendraht oder festerem Material schützen.

Vorsicht Giftpfanzen!

Bei ausreichend Futterangebot und großer Weidefläche lassen die meisten Tiere giftige Pflanzen stehen und wenden sich den bekömmlichen Arten zu. In der vegetationsarmen Zeit aber, wenn sich die Kameliden das Futter nicht mehr aussuchen können, kann es passieren, dass sie sich an Giftpflanzen vergreifen.

Es ist daher absolut wichtig, die Weide auf giftige Pflanzen zu untersuchen, und zwar bevor Sie die Tiere darauf lassen. Häufig auf Wiesen zu finden sind **Jakobskreuzkraut** und verschiedene Arten von **Hahnenfuß**. Beide sind gelb blühend und es kann durch sie zu Schädigungen von Leber und Niere kommen.

Sehr giftig sind Ziersträucher wie **Oleander**, bei dem die Blätter, selbst die verwelkten, schon in geringen Mengen tödlich sind. Andere sind **Rhododendron**, **Thuja** und **Eibe.** Nicht zu vergessen: der **Efeu**, der oft auf Obstbaumwiesen übersehen wird, weil er an den Baumstämmen entlang hochwächst.

Nebenbei: Wenn Sie Wert auf ein sauberes Vlies Ihrer Tier legen, dann entfernen Sie vorsorglich auch die Kletten von der Weide!

Einzäunung der Weide

Die große Freiheit gibt es bei uns für Lamas und Alpakas leider nicht. Daher muss die Weide stabil, ausbruchsicher und bisweilen auch der Landschaft angepasst eingezäunt werden. Für Lamas sollten Sie hierbei eine Zaunhöhe von mindestens 1,40 m, für Alpakas von 1,20 m einkalkulieren.

Bei der Überwindung von Zäunen können Kameliden sehr erfinderisch sein und sie stellen, im Gegensatz zu Pferden, wesentlich höhere Ansprüche an den Zaun. Bei Pferden braucht oft nur ein Band gespannt zu werden, um sie in einem bestimmten Bereich zu halten, ein Lama würde darüber nur müde lächeln! Kameliden können ziemlich hoch springen und sie kriechen, wenn es geht, auch unter einem Zaun hindurch. Daran sollten Sie vor allem denken, wenn Fohlen mit auf der Weide sind und den Zaun im unteren Bereich entsprechend abdichten.

Am schönsten, am stabilsten, aber wohl auch am kostspieligsten ist ein Holzzaun. Ein solcher Zaun empfiehlt sich, wenn die Weide beispielsweise an einer befahrenen Straße liegt. Er besteht aus im Boden verankerten Pfosten, an die drei bis vier Bretter, je nach Breite, angebracht werden. Der Abstand zwischen den Brettern darf nicht zu groß sein, sonst könnten eventuell Jungtiere durchschlüpfen.

Vor einem Elektrozaun haben Kameliden normalerweise Respekt. Sie merken aber auch gleich, wenn einmal kein Strom fließt! Sehr sicher sind Elektrozäune mit Drähten und sogenannten Breitbändern. Verwenden Sie nur Bänder, kann es vorkommen, dass die Tiere den Strom nicht auf der Haut spüren, weil ihre dichte Bewollung quasi isolierend wirkt. Anders ist dies bei den dazwischen gespannten Drähten, sie gelangen bei Berührung bis auf die Haut.

Gut zu wissen

Sie können selbstverständlich jede Art von Einzäunung wählen, die sich auch für andere, in unseren Breitengraden gehaltene Weidetiere eignet. Nicht erlaubt dagegen ist ein Stacheldrahtzaun, er birgt zu große Verletzungsrisiken!

Unterstand

Lamas und Alpakas brauchen unbedingt einen trockenen, zugfreien Unterstand. Er sollte so dimensioniert sein, dass sich die Tiere darin wohlfühlen. Kameliden mögen beispielsweise keine „höhlenartigen“ Unterkünfte, die dunkel und niedrig sind.

Kalkulieren Sie beim Unterstand mindestens eine Höhe von 2,20 m ein, denn Sie wissen ja: Lamas haben einen sehr langen Hals und Alpakas schadet „Luft nach oben“ auch nicht.

Alpakas stellen sich auf die Hinterbeine, um an höher gelegenes Grünzeug zu gelangen. Lamas haben einen sehr langen Hals, der an Äste und Blätter bis in 2,50 m Höhe heranreicht!

Unterstand, Paddock, Zäune und geschützte Jungbäume, eine ideale Kombination, um Alpakas oder auch Lamas unterzubringen.

Praktisch sind Futtereimer, die im Unterstand in der für die Tiere passenden Höhe eingehängt werden können.

Gut zu wissen

Wichtig ist, dass alle Tiere freien Zugang zum Unterstand haben. Das heißt, der Eingang muss so breit sein, dass rangniedrigere Artgenossen Zutritt haben und nicht von ranghöheren Tieren blockiert werden können.

Das Gesetz schreibt für zwei Tiere ein Minimum von 4 m^2 Fläche vor, für jedes weitere Tier zusätzlich 1 m^2 und für Fohlen, die jünger als ein halbes Jahr sind, 0,5 m^2 pro Tier. In der Praxis sind die Unterstände meist größer bemessen, weil ja auch noch Platz für Wasserversorgung, Heuraufen und Tröge fürs Kraftfutter einkalkuliert werden muss.

Für die Kamelidenbehausung eignet sich Holz hervorragend als Baumaterial und fügt sich meist auch gut in die Landschaft ein. Sollten Sie bereits einen betonierten oder gemauerten Stall zur Verfügung haben,

dann bietet dieser eine noch bessere Isolierung gegen Kälte im Winter und eine kühle Umgebung im Sommer.

Als Stallboden eignet sich Holz ebenfalls. Er kann mit Stroh ausgelegt werden, muss aber nicht. Da Kameliden in ihrer Behausung meist keine Kotstelle anlegen, kann der Holzboden selbst ein angenehmer Liegeplatz sein und auch die Wolle bleibt sauber. Eine Stroheinlage wird von den Tieren zwar geliebt, und sie wälzen sich auch gern darin, aber entsprechend sieht dann das Vlies aus.

Paddock

Ein Schlechtwetter-Paddock, der sich direkt an den Unterstand anschließt, ist sehr zu empfehlen. Er sollte einen befestigten Boden haben, damit die Tiere bei Matsch nicht doch in Versuchung kommen, ihren Kot lieber im Unterstand zu hinterlassen. Als Belag für den Paddockboden können Sie beispielsweise Asphalt oder Rasengittersteine verwenden, möglichst mit einem leichten Gefälle verlegt, damit der Urin ablaufen kann.

Nicht nur Katzen haben eine Toilette

Je nach Größe der Weidefläche setzen Lamas und Alpakas ihren Kot nicht überall, sondern an einer oder mehreren bestimmten Stellen ab. Diese Stelle wird, wenn der Kot nicht entfernt wird, mit der Zeit immer ein Stück größer.

Sie können auf einer neuen Weide den Kotplatz vorausbestimmen, indem Sie vor Ankunft der Tiere etwas Dung von der alten – oder wenn es Ihre ersten Lamas oder Alpakas sind – vom Verkäufer mit nach Hause nehmen und an einer für Sie günstigen Stelle platzieren. Die Tiere werden diesen Platz sofort finden und als „Toilette" nutzen. Im umgekehrten Fall ist es aber fast unmöglich, einen bestehenden Kotplatz an einen anderen Ort zu verlagern, denn er spielt eine wichtige Rolle für sie. Die Pflanzen werden von den Kameliden in diesem Bereich nicht abgefressen. Diese sogenannten Geilstellen müssen dann abgemäht und der Grasschnitt darf keineswegs an die Tiere verfüttert werden. Es bestünde die Gefahr, dass sie Parasiten aufnehmen, die sich im Dung befunden haben.

Last but not least: das Wasser!

Im Stall oder Unterstand und natürlich auch auf der Weide muss den Lamas und Alpakas jederzeit frisches Wasser zur Verfügung stehen: Die Betonung liegt auf „frisches" Wasser! Finden sich darin Heureste oder Ähnliches, dann ziehen sie ihre Schnauze lieber wieder zurück. Auch wenn beispielsweise Pferde aus demselben Trog trinken wie Kameliden und dabei das Wasser leicht schleimig oder schmierig wird – Pferde haben oft noch etwas Schaum am Maul – finden die Kleinkamele dies überhaupt nicht gut. Halten Sie sie also zusammen mit anderen Tierarten, sollten Sie unbedingt mehrere Trinkbehälter anbieten, damit alle zu ihrem Recht kommen.

Neuweltkameliden sind sehr reinlich. Ich habe oft beobachtet, dass meine Lamas und Alpakas auf einer ein- bis zweistündigen Tour weder Urin noch Kot abgesetzt haben, sondern erst, wenn sie wieder auf ihrer heimatlichen Weide waren: dann aber alle gemeinsam!

Lamas und Alpakas sind sehr mäkelig, was die Qualität ihres Trinkwassers betrifft.

Badespaß mit Kameliden

Sowohl Alpakas als auch Lamas mögen Wasser. Es ist jedoch nicht so, dass sie unterwegs beispielsweise in jeden Bach oder in jede Pfütze unbedingt hineingehen wollen. Wenn sie es nicht von Anfang an gewöhnt sind oder Sie es mit Ihren Tieren trainiert haben, dann werden sie einen Bachlauf als natürliche Grenze betrachten und ihn nicht durchqueren.

Auch das Abspritzen mit einem Gartenschlauch wird sie nicht von vornherein begeistern, aber Sie können Ihre Andenkamele peu à peu daran gewöhnen. Am besten beginnen Sie dabei mit einem sanften Wasserstrahl an den Beinen und arbeiten sich allmählich nach oben. Schon bald werden die Tiere Gefallen daran finden und Sie können Ihnen bei Hitze dieses Planschvergnügen gönnen!

Ein Fußbad für die Alpakas

Alpakas kühlen bei Hitze ihre Füße ganz gern im Trinkbehälter, bei Lamas konnte ich das noch nie beobachten. Ein Eimer als Tränke würde durch das Planschen leicht umfallen und die Tiere hätten kein Trinkwasser mehr. Verwenden Sie also entweder ein entsprechend großes und schweres Trinkgefäß, das nicht umfallen kann, oder Sie befestigen den Trinkeimer beispielsweise mit einem Strick an einem Baum. Dazu geben Sie ihnen ein kleines Planschbecken aus Hartplastik, dann haben die Alpakas trotzdem ihren Badespaß.

Und was gibt's zu futtern?

Kameliden werden als unechte Wiederkäuer bezeichnet, weil sie im Gegensatz zu unseren heimischen Wiederkäuern wie Rinder, Schafe oder Ziegen nur einen dreiteiligen, und keinen vierteiligen Magen haben. Wie alle Wiederkäuer brauchen Lamas und Alpakas große Mengen an Rohfaser und dürfen nicht ausschließlich mit Futtermi-

Lamas und Alpakas lieben ihr spezielles Müsli, doch es sollte niemals ihr Hauptfutter sein.

schungen ernährt werden, denn dafür ist ihre Verdauung nicht eingerichtet.

Neuweltkameliden stammen aus Regionen, die oft ein nur sehr karges und spärliches Nahrungsangebot bieten. Sie sind sehr effiziente Futterverwerter und auch durchaus sehr sparsam im Energieverbrauch. Im Vergleich: Ein Lama frisst etwa so viel wie ein großes Schaf oder anders ausgedrückt, sechs Lamas entsprechen im Futterbedarf etwa einem Pferd.

Im Allgemeinen nehmen Kameliden pro Tag rund 2% ihres eigenen Körpergewichts an Nahrung zu sich. Das aufgenommene Gras oder Heu wird im Maul zuerst nur grob zerkleinert und gelangt dann in den ersten und weiter in den zweiten Magenabschnitt. Das durch die Magensäfte angegorene Futter wird dann durch Kontraktion wieder in das Maul zum Wiederkäuen zurückbefördert. Die meist im Sitzen wiederkäuenden Tiere kauen die Nahrung bis zu 40 Mal, wobei sich der Unterkiefer in Form einer liegenden Acht bewegt. Danach wird das Futter nochmals abgeschluckt und gelangt in das dritte Magenabteil. Dort und im Darm wird es dann weiter verarbeitet, bis die für den Körper nicht verwertbaren Anteile schließlich als Kot wieder ausgeschieden werden.

Frisches Grün auf der Weide lieben die Lamas und Alpakas ganz besonders.

Gut zu wissen

Wenn Sie mit Ihren Tieren ausgedehnte Trekkingtouren unternehmen, sollten Sie unbedingt auf ausreichende Pausen achten, damit die Kameliden die aufgenommene Nahrung ordnungsgemäß verdauen können.

Lamas und Alpakas verbringen ein Drittel des Tages mit der Nahrungsaufnahme und zwei Drittel mit „Siesta“: Wiederkäuen und Ruhen.

Grundfutter – grün oder getrocknet

Neuweltkameliden sind Weidetiere und sie ernähren sich vorwiegend von Grünfutter. Dieses enthält ausreichend Rohfaser, Eiweiß und die notwendigen Spurenelemente und Vitamine. Natürlich hängt der Nährwert des Grases ab von Bodenbeschaffenheit, Pflanzenbestand, Aufbringung von Düngemitteln und anderen Faktoren, die den Pflanzenwuchs beeinflussen.

Kameliden werden meist auf sogenannten Grenzertragsflächen gehalten. Das sind Böden, die wegen ihrer geringen Ertragsfähigkeit nicht gewinnbringend bewirtschaftet werden können. Für die Lamas und Alpakas hat eine solche Weide den Vorteil, dass die Gefahr eines Eiweißüberschusses und die damit verbundenen Stoffwechselprobleme bei den Weidetieren, wie sie auf intensiv bewirtschafteten jungen Weiden vorkommen, kaum vorhanden ist.

Gutes Heu sollte den Lamas und Alpakas zu jeder Zeit im Unterstand zur Verfügung stehen.

Trotzdem sollten Sie den Lamas und Alpakas das ganze Jahr über Heu zur Verfügung stellen. Sie wissen instinktiv, was sie brauchen: Wenn sie zum Beispiel frisches Grünfutter aufgenommen haben, gehen sie anschließend zu ihrem Unterstand und wenden sich dem Heu zu, um ihren Rohfaserbedarf zu decken. Auch auf der Weide fressen sie nicht ausschließlich das zarteste Grün und das Feinste vom Feinen, sondern sie suchen sich auch trockene Halme oder verwelktes Laub aus.

Zusatzfutter

Bis auf wenige Ausnahmen verfüttern fast alle Züchter und privaten Halter von Neuweltkameliden ein Zusatzfutter in irgendeiner Form. Es gibt zum Beispiel sehr gute, fertig zusammengestellte, sogenannte Lama-und Alpaka-Müslis. Allerdings sollte man sich bei deren Verfütterung an die Vorgaben des Herstellers halten, das heißt nicht zu viel davon füttern!

An einem Salzleckstein können die Kameliden nach ihrem eigenen Bedarf Mineralstoffe aufnehmen.

Auch fertige Futtermischungen für Schafe oder Rinder eignen sich für die Kleinkamele. Rübenschnitzel können Sie ebenfalls verfüttern, allerdings niemals in trockenem Zustand. Wenn sie im Magen aufquellen, kann das für die Tiere tödlich enden. Vor allem im Herbst und Winter können Sie als Beifutter kleingeschnittene Äpfel und Karotten anbieten, die Lamas und Alpakas nehmen dies meist sehr gern an. Stehen Ihre Tiere auf einer Wiese mit Obstbäumen, dann werden sie sich im Spätsommer sowieso über die heruntergefallenen Äpfel hermachen – falls Sie sie nicht vorher schon eingesammelt haben. Wie bei Pferden können Sie auch ganz trockenes, schimmelfreies Brot geben, in Maßen! Meine Tiere fressen Knäckebrot ganz besonders gern. Aber bitte nichts Süßes, auch keine Kekse als Leckerli, verfüttern!

Mineralstoffe

Mineralstoffe nehmen die Tiere zum Teil mit der Nahrung auf, meist ist die Konzentration aber nicht ausgewogen und muss durch zusätzliche Gaben ausgeglichen werden. Stellen Sie dazu den Tieren eine Schale mit Mineralstoffen zur Verfügung, zu der sie ständig Zutritt haben. Auch ein mineralisierter Leckstein sollte in keinem Unterstand fehlen!

Pediküre für die Andenkamele

Die Zehennägel der Andenkamelchen wachsen ständig nach und können, wenn sie nicht gleichmäßig abgenutzt werden, zu Problemen und auch Schmerzen führen. Wachsen die Zehennägel zu lang oder auch gebogen, kann es zu Fehlstellungen des Fußes und dadurch falscher Belastung der Gliedmaßen und Gelenke kommen. Langfristig leidet auch das Nagelbett durch zu lange Klauen, sodass die Nägel bereits krumm nachwachsen.

Setzen Sie Ihre Tiere für Trekkingtouren oder Wanderungen ein, bei denen die Lamas und Alpakas auf verschiedenen Untergründen laufen, genügt ein regelmäßiger Kontrollblick auf die Zehennägel. Sie werden sich von selbst in Form halten und müssen nicht gekürzt werden. Stehen Ihre Tiere aber ständig auf weichem Untergrund oder haben ein genetisch bedingtes, stark ausgeprägtes Nagelwachstum, dann ist der regelmäßige Klauenschnitt unumgänglich.

Anheben der Füße trainieren

Bevor Sie zum ersten Mal Nägel schneiden, üben Sie mit Ihren Tieren, am besten zusammen mit einem erfahrenen Lama- oder Alpakahalter, das Anheben der Füße:

Tipp
Wenn Sie mit Ihren Kameliden Spaziergänge oder Trekkingtouren unternehmen, können Sie den „Llameros“, also den Lamaführern, jeweils einen kleinen Beutel mit Apfel- und Karottenstückchen mitgeben – sozusagen als kleine Bestechungshilfe oder einfach als Belohnung.

- Binden Sie das Tier möglichst kurz an.
- Beginnen Sie mit der Hand am Vorderbein nach unten zu streichen.
- Wenn Sie mit der Hand das Knie des Tieres erreicht haben, wird es das Bein nach hinten abwinkeln.
- In dieser Position können Sie die Nägel mit einer handelsüblichen Gartenschere zurückschneiden.

Die Vorderbeine sind meistens ganz gut zu bewältigen, etwas schwieriger wird es bei den Hinterbeinen. Dort wollen Kameliden am liebsten nicht berührt werden und sie schlagen dann gerne mal aus. Hier überspringen Sie das Streichen am Bein entlang, greifen sich gleich die Fessel und halten sie nach oben. Wichtig ist, dass Sie das nicht bei dem Bein an der Seite des Tieres, an der Sie stehen, machen, sondern nach dem Bein auf der anderen Seite greifen! Dadurch erhöhen Sie Ihre Chancen, nicht getroffen zu werden, sollte das Tier ausschlagen.

Gut zu wissen

Von großem Vorteil ist es, wenn der Eingangsbereich um den Unterstand aus einem harten Bodenbelag besteht. Dort gehen die Tiere ständig ein und aus und die Nägel können sich dabei gut abnutzen.

Die Nägel werden Schritt für Schritt so weit zurückgeschnitten, bis sie mit den Fußschwielen auf einer Ebene sind.

Körper- und Fellpflege

Kameliden besitzen ein besonderes, an die extremen Wetterbedingungen und Temperaturschwankungen im Hochgebirge ihrer Heimat perfekt angepasstes Vlies. Lamas und Alpakas machen keinen Fellwechsel durch, entwickeln also kein Sommer- und Winterfell. Ihr Fell muss sie in den kühlen Nächten wärmen und am Tage bei Hitze kühl halten. Die isolierenden Eigenschaften des Vlieses kommen dadurch zustande, dass die einzelnen Haare sehr fein und leicht sind. Dadurch können sie dicht liegen und trotzdem ist das Gewicht des dicken Haarkleids sehr gering.

Tipp

Lassen Sie sich vom Scherer genau zeigen, wie die Klauen zu schneiden sind und probieren Sie es selbst in seiner Anwesenheit.

Bei uns müssen sich die Neuweltkameliden auf ein völlig anderes Klima umstellen. Sie sind hier vor allem größeren klimatischen Extremen, also vor allem mehr Hitze im Sommer und auch höherer Luftfeuchtigkeit ausgesetzt. Damit es besonders bei stark bewollten Tieren im Sommer nicht zu einem lebensgefährlichen Hitzestress kommt, müssen sie unbedingt geschoren werden.

Und jährlich grüßt der Scherer

Der beste Zeitpunkt für die Schur ist das späte Frühjahr, wenn keine Frostnächte mehr zu erwarten sind, aber bevor es zu heiß wird. Nehmen Sie sich dafür Zeit und bestellen Sie einen Profi-Scherer. Er wird zu Ihnen kommen und das erforderliche Equipment, wie zum Beispiel einen Scherstand für die Lamas und einen Schertisch für die Alpakas mitbringen. Damit können Sie sicher sein, dass die Tiere so stressfrei und rasch wie möglich aus ihrem Fell kommen.

Sofern Sie darin nicht besonders geübt sind, kann sich der Scherer bei dieser Gelegenheit auch um die Klauenpflege kümmern. Die meisten Scherer bieten diesen Service mit an, denn bei der Schur sind sowohl Lamas als auch Alpakas fixiert, und dies erleichtert das Schneiden der Klauen um einiges.

Die Classic-Lamas sind an den Körperstellen, die der Wärmeregulierung dienen, also Bauch und Beine, nur gering bewollt. Deshalb brauchen sie nur alle zwei Jahre geschoren werden.

Die Vorher-Nachher-Show: Wenn nichts mehr drauf ist, sieht man, was drin ist.

Alpakas und die Woolly-Lamas zählen zu den stark bewollten Tieren. Sie sollten auf alle Fälle einmal pro Jahr zum „Friseur“.

Nicht geschoren, aber gebürstet

Die stark bewollten Woolly-Lamas werden oft nicht geschoren, weil die Halter deren Erscheinungsbild nicht – im wahrsten Sinne des Wortes – einschneidend verändern wollen. Im Sommer aber kann dies für die Tiere extrem unangenehm und zudem gesundheitsgefährdend sein. Die zu lange und dichte Wolle verfilzt, es entstehen regelrechte Filzmatten, die die Temperaturregulierung des Tieres zusätzlich erschweren, weil sie besonders stark isolieren.

Damit die Rohwolle nicht schmutzig wird, sammeln Sie sie am besten gleich beim Scheren ein und lassen sie gar nicht erst auf die Erde fallen.

Bevor Sie das Vlies zur Weiterverarbeitung weggeben, müssen Sie den gröbsten Schmutz entfernen, etwa Stroh, kleine Äste oder was sich sonst noch so in den Fasern verfangen hat. Dann wird die Rohwolle nach Farben sortiert und in Säcke verstaut.

In solchen Fällen bürsten Sie Woollys regelmäßig mit dem Pferdestriegel oder einem Entfilzungskamm für Hunde, um Verfilzungen und abgestorbene Fasern zu entfernen. Dadurch verbessert sich das Fell der Woollys, Sie helfen ihm bei der Körpertemperaturregulierung und Sie erhalten eine wertvolle Wolle, die Sie weiterverarbeiten können.

Was tun mit der wertvollen Wolle?

Lama- und Alpakahaar gehört zu den allerfeinsten und teuersten Wollarten überhaupt, Alpaka kann sogar teurer sein als Kaschmir und Mohair. Alpakawolle ist fünf Mal wärmer als Schafwolle und – weil sie kein Fett enthält – zusätzlich antiallergen.

Es gibt verschiedene Möglichkeiten, Rohvliese zu Strickwolle, als Garn zum Weben oder Kardenband als Ausgangsmaterial für Produkte aus Filz oder auch in Bettdecken verarbeiten zu lassen. In jedem Fall ist es ein schönes Gefühl, am Ende so etwas Schönes wie Strickwolle oder eine warme, weiche Decke von den eigenen Tieren in Händen zu halten.

Die Wollspinnerei für kleine Mengen

von Conny Böhme, Naturfasermühle Nafabo

Meine Spinnerei hat sich auf kleine Wollmengen ab 500 g spezialisiert und wir verarbeiten Fasern von Alpaka, Lama, Schaf, Angorakaninchen und selbst ausgekämmte Hundefasern. Unsere Besonderheit ist, dass wir Ihnen garantieren, dass Sie auch wirklich die verarbeitete Wolle der eigenen Tiere zurückbekommen.

Die Qualität des Endproduktes hängt stark von der Vorbereitung des Rohvlieses ab, das heißt, es muss frei von Ungeziefer, grobem Schmutz, Stroh, Steinchen und auch kurzen Fasern sein. Am besten sortieren Sie die Wolle bereits beim Scheren nach Farben oder Qualitäten vor und füllen sie in getrennte Säcke. Farbmischungen sind natürlich auch möglich.

In der Spinnerei werden Ihre Fasern während des Verarbeitungsprozesses mit Wollwaschmittel gewaschen und gereinigt. Die Naturfasermühle setzt ansonsten keinerlei chemische Stoffe ein, sodass die Faser völlig naturbelassen bleibt. Auch auf Mittel gegen Motten verzichten wir.

Produkte, die Sie von der Spinnerei erhalten können sind:

Vliesrollen – gekämmte, also kardierte Fasern, die noch nicht fest miteinander verbunden sind; geeignet für Filzer, Handspinner oder als Füllmaterial.

Kardenband – kardierte Fasern auf eine Rolle aufgewickelt; geeignet für Handspinner, Filzer und Bastler.

Filz – zum Basteln und Nähen.

Teppichgarn – die Fasern werden um ein Trägermaterial wie Sisal, einfaches Strickgarn oder Draht gewickelt.

Webgarn – fingerdick; geeignet zum Teppichweben, Stricken, Häkeln, Basteln und als Dekomaterial.

Garn – 2- oder 3-fädige Handstrickwolle in unterschiedlichen Stärken, in 100 g-Strängen mit Banderole.

Maschinengarn – für die Weiterverarbeitung auf haushaltsüblichen Strickmaschinen, auf Konen.

Ganz nach individuellen Wünschen und Fantasie machen außerdem noch verschiedenfarbige Verzwirnungen, unterschiedliche Fadenstärken und Zumischungen anderer Faserarten die Produktvielfalt schier unerschöpflich.

NT70
SYNCH

Outdoorspaß mit Lamas und Alpakas

Es gibt nichts Entspannteres als mit einem Lama oder Alpaka durch den Wald oder über Wiesen zu wandern. Sie gehen ruhig neben einem her, sind etwa gleich groß wie man selbst und man hört ihre Schritte so gut wie überhaupt nicht. Sicherheit gibt ihnen vor allem die Gruppe der eigenen Artgenossen. Auch wenn sie auf einem Spaziergang geführt werden, wollen sie am liebsten in ihrer vertrauten Reihenfolge gehen. Ändern Sie diese Reihenfolge und wollen mit einem Alpaka den Zug anführen, das normalerweise hinten geht, lernen Sie seine Sturheit kennen. Es läuft erst weiter, wenn ein „Anführerlama" vor ihm geht. Bei zwei Tieren, die sich nicht so gerne nahe sind, sollten Sie ein anderes Tier – quasi als „Puffertier" – zwischen den beiden Streithähnen gehen lassen. Das hat sich bei meiner Gruppe schon oft bewährt.

Aufmerksame Begleiter

In der Natur müssen sie als Weidetiere in offenem Gelände schnell Gefahren erkennen und darauf reagieren können. Alle Sinne der Andenkamele sind so gut ausgeprägt, dass sie alles lange vor uns Menschen wahrnehmen. Auch wenn Sie mit ihnen unterwegs sind, entgeht den Lamas und Alpakas nichts.

Es kann vorkommen, dass sich ein Tier einmal erschreckt und einen Satz zur Seite macht, ohne dass wir uns das erklären können. Auch wenn die Trekkingtiere noch so erfahren und routiniert sind, sollte man selbst auch vorausschauend durch die Landschaft gehen und auch darauf gefasst sein, dass etwas auftauchen und sie in Schrecken versetzen könnte: ein Flugobjekt wie beispielsweise ein Drachen, ein kläffender Hund, der nicht angeleint ist und den Tieren nachrennt oder ihre Beine umkreist oder etwas anderes Unerwartetes. Gerät in solch einer Situa-

tion eines der Tiere aus der Fassung und fängt an, Angst zu zeigen oder auszubrechen, dann tun es ihm die anderen nach.

Zum Glück sind solche Zwischenfälle sehr selten. Meistens bleiben Menschen eher interessiert stehen, stellen Fragen und wollen die Tiere vielleicht sogar anfassen und fast alle Hundehalter, die eine kleine Kamelkarawane auf sich zukommen sehen, nehmen ihre Hunde an die Leine.

Auf die Reihenfolge kommt es an. Welches Tier die Karawane anführt, hängt von der Hierarchie in der Gruppe ab. Bei der Gruppe auf dem Foto geht ein Alpaka an der Spitze.

Gut trainiert für die Freizeitaktivitäten

Tiere, die für Touren oder Trekking eingesetzt werden, sollten ohne Probleme am Halfter mit Strick geführt werden können. Das ist die Grundvoraussetzung und sollte im Vorfeld ausgiebig mit den Tieren trainiert werden. Danach können Sie das Auflegen und Gehen mit dem Packsattel trainieren, wenn Sie größere Wanderungen unternehmen wollen.

Üben Sie das Anlegen und Ausziehen des Halfters einige Male und Sie werden sehr schnell ein Erfolgserlebnis zu vermelden haben! Die Tiere sollten ihre Halfter aber nicht ständig tragen, nur weil es dann einfacher ist, sie anzuleinen – sie könnten sich verletzen oder irgendwo damit hängen bleiben.

Lama-und Alpakahalfter gibt es aus verschiedenen Materialien wie Nylon oder Leder, schlicht oder im Westernlook, mit Perlen und anderen Dekorationselementen. Der wichtigste Unterschied liegt aber in der Art der Verschlüsse. Bei einem stufenlos verstellbaren Halfter brauchen Sie unter Umständen recht lange, bis Sie den Riemen durch die Schnalle gezogen haben und dies verunsichert das Tier unnötig. Besser eignen sich Halfter, die sich mit Karabiner oder Dornschließe befestigen lassen.

Mit einem gut trainierten Lama oder Alpaka macht das Spazierengehen viel Spaß und ist auch sicherer.

Training Schritt 1: Halfter anlegen

Da sowohl Lamas als auch Alpakas von Natur aus kopfscheu sind, also vor der menschlichen Hand automatisch zurückweichen, sollten Sie sehr ruhig, aber bestimmt vorgehen. Ein einzelnes Tier von der Herde zu separieren, ist eine echte Herausforderung und führt außerdem dazu, dass der „Lehrling" unnötig verängstigt wird.

Für Anfänger empfiehlt es sich, bei diesem ersten Training eine zweite Person hinzuzuziehen. So kann einer mit ausgebreiteten Armen hinter dem Tier stehen bleiben, und der andere versucht, das Halfter anzulegen.

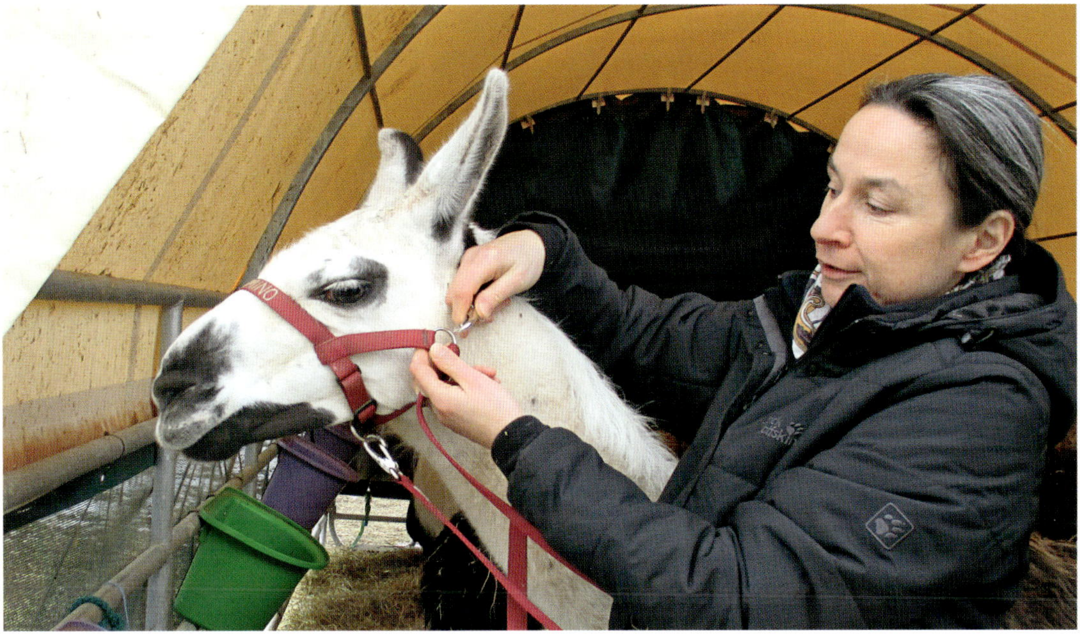

Wählen Sie am besten ein Lamahalfter, das sich mit einem Karabinerhaken schließen lässt, denn das geht viel schneller und leichter als bei einem Halfter mit Schnalle.

Beginnen Sie mit dem Halftertraining nicht, bevor das Tier zehn Monate alt ist und auch nicht sofort nach Ankunft eines neuen Tieres: Lassen Sie ihm ein paar Wochen Zeit, sich einzugewöhnen und in die neue Herde zu integrieren.

Wenn ein Tier locker und ohne Zerren und Ziehen am Führstrick geht, kann es auch von Kindern geführt werden.

Um einem Tier zum ersten Mal ein Halfter anzulegen, ist es am besten, wenn Sie die gesamte Herde in einen Paddock oder Unterstand treiben. Sobald die Tiere an einer Stelle angelangt sind, von wo aus sie keine Fluchtmöglichkeit mehr haben, versuchen Sie, den Neuling ohne Hast und mit beruhigenden Worten in eine Ecke zu treiben. „Treiben" bedeutet hier aber nicht, das Tier zu scheuchen, sondern Sie nähern sich ihm immer mehr – am besten mit ausgebreiteten Armen – und leiten es sanft aber bestimmt in den vorgesehen Bereich.

Gehen Sie beim allerersten Versuch, das Halfter anzulegen, besonders ruhig und geduldig vor. Streicheln Sie das Tier zuerst am Hals, um ihm die Angst vor Berührungen zu nehmen. Lassen Sie es danach nur am Halfter schnuppern. Dann legen Sie ihm einen Arm um den Hals, damit es nicht entkommen kann und versuchen, mit der anderen Hand das Halfter über Nase und Kopf zu streifen.

Training Schritt 2: Führstrick anbringen und laufen

Wenn Sie das neue Tier zum ersten Mal auf einen Spaziergang mitnehmen wollen, dann ist es einfacher, wenn Sie gleich noch ein paar Kamelidenfreunde zusammentrommeln, die mit Ihren bereits trainierten Tieren mitlaufen. So ist es für den Neuling einfacher, sich das gelassene Verhalten von den anderen Tieren abzuschauen. Es wird ihn beruhigen, wenn vor und hinter ihm tourenerfahrene Tiere gehen, die nichts aus der Ruhe bringt.

Vor der ersten kleinen Tour legen Sie das Halfter an. Den Führstrick sollten Sie bereits vorher daran befestigt haben.

Manche Tiere merken anfangs gar nicht, dass sie angeleint sind und bleiben einfach stehen. Andere wiederum veranstalten kleinere Rodeos: Sie bäumen sich auf, steigen mit

ELECTRO
FUNK

den Vorderbeinen, schlagen aus und lassen sich allerhand einfallen, um sich gegen den Strick zur Wehr zu setzen. Bei solchen Tieren dürfen Sie den Strick nicht kurz und straff halten, sondern geben Sie dem Ziehen nach und gehen mit dem Tier mit. Bei wild zappelnden Tieren ist es kräftemäßig übrigens ein großer Unterschied, ob sich am anderen Ende der Leine ein Lama oder Alpaka befindet!

Sobald sich Ihr Neuling mit dem Strick angefreundet hat, haben Sie ein großes Stück Arbeit geschafft und können sich dem Vergnügen einer Lama- oder Alpakatour hingeben. In der Anfangszeit sollten Sie möglichst oft, am besten täglich, mit Ihrem Tier für maximal eine halbe Stunde spazieren gehen, damit es Routine bekommt. Da Kameliden ja von Natur aus sehr neugierig sind, hat man den Eindruck, dass sie es durchaus genießen, Wanderungen zu unternehmen und mal andere Landschaften zu sehen!

Ein wenig Bestechung ist erlaubt. Das Füttern unterwegs macht den Kindern Spaß und fördert die Kommunikation zwischen ihnen und dem Tier.

Mit Lamas und Alpakas geht viel

Neuweltkameliden haben sich, seit sie immer öfter bei uns gehalten werden, als die perfekten Freizeitfreunde herausgestellt, und zwar für jeden, der gerne mit Tieren umgeht und Freude an Outdoor-Aktivitäten hat. Anders als Pferde, Ponys, Esel oder Ziegen sind Lamas und Alpakas vom Wesen her zurückhaltender und ruhiger. Sie sind wettertauglich und gehen auch bei Schnee oder in steilem und schwierigem Gelände sicher und leichtfüßig.

Vielleicht machen Sie einmal einen Nikolaus- oder Weihnachtswalk oder eine Trekkingtour zum nächsten Grillplatz – selbstverständlich ausgerüstet mit Grillgut für die Zweibeiner. Unter den vielen Möglichkeiten, mit Lamas oder Alpakas seine Freizeit zu verbringen, gibt es für Erwachsene neben Wanderungen und Touren auch kamelidengestütztes Coaching. Es kann auf die berufliche Weiterbildung ausgerichtet sein oder man möchte sich selbst besser kennenlernen. Auch in der tiergestützten Pädagogik und Therapie haben Lamas und Alpakas ihren Platz gefunden und helfen Menschen dabei, wieder Freude, Lebensmut und Selbstvertrauen zu finden.

Abenteuer-Kindergeburtstag mit Kameliden

Schon Kinder ab acht Jahren können sie führen – natürlich in Begleitung Erwachsener. Wenn vor allem Großstadtkinder direkten Kontakt zu Tieren bekommen können und es nicht dabei bleibt, dass sie sie nur aus dem Fernsehen kennen, ist dies besonders erfreulich. So gibt es einen steigenden Trend, Kindergeburtstage mit Lamas und Alpakas zu feiern. Bei Kameliden lassen sich selbst sehr zurückhaltende Kinder, die

Gut zu wissen

Bei größeren Geburtstagsgruppen empfiehlt es sich, einige Helfer mitzunehmen, die sich im Umgang mit Kameliden auskennen, neben den Tieren mitlaufen und eingreifen können, falls sich ein Kind unwohl fühlt oder eine außergewöhnliche Situation eintritt.

Zum Überspringen eignet sich eine lange Stange, die rechts und links sicher aufgelegt sein sollte.

den Umgang mit Tieren nicht gewöhnt sind und sich schwertun, sie überhaupt anzufassen, dazu bringen, sich mit ihnen zu beschäftigen.

Um die Kinder und die Tiere einander vorzustellen, empfiehlt es sich, zuerst den Kindern etwas über die Andenkamele zu erzählen oder sie zu fragen, was sie vielleicht schon über diese Tiere wissen. Danach bekommt jedes Kind etwas Heu in die Hand. Attraktiveres Futter wie Kraftfutter, Karotten oder Äpfel wäre nicht empfehlenswert, weil damit bei den Tieren Futterneid entsteht und sie sich dann gern gegenseitig anspucken. So gerüstet betreten Sie das Gelände der Lamas und Alpakas, sodass Kinder und Tiere beim Füttern einander näher kommen können.

Beim anschließenden Halftern sehen die Geburtstagskinder zu und dann bekommen sie ihr Tier. Je nach Alter können ein oder zwei Kinder ein Lama oder Alpaka führen oder jeweils ein Kind und eine erwachsene Person.

Um den Spaziergang spannender zu machen, lassen sich allerlei Variationen vorbereiten, etwa eine Schnitzeljagd. Sie können im Wald einen kleinen „Natur-Parcours“ absolvieren, also über niedrige Baumstämme springen, Abenteuerliches wagen wie beispielsweise durch einen Bach gehen, einen steilen Hang hoch oder abwärts klettern oder Slalom um eine Baumreihe herum laufen. Sie werden sehen, wie gut das bei den Kindern ankommt!

Einen Parcours können Sie auch anschließend an die Tour auf der heimatlichen Weide aufbauen: Zum Slalomlaufen brauchen Sie nur ein paar Pylonen, Stangen oder umgestülpte Eimerchen aufstellen. Auch können Sie ein breites Band wie man es zum Einzäunen einer Pferdekoppel verwendet, in etwa 1,50 m Höhe zwischen zwei Bäumen oder Ähnlichem spannen und jedes Kind mit seinem Tier drunter durchlaufen lassen.

Geben Sie den Kindern nach Durchlaufen des Parcours zum Abschluss einen selbstentworfenen Lama- oder Alpakaführerschein mit nach Hause. Er wird eine bleibende Erinnerung an die außergewöhnliche Geburtstagsfeier sein und sie werden ihn stolz vorzeigen.

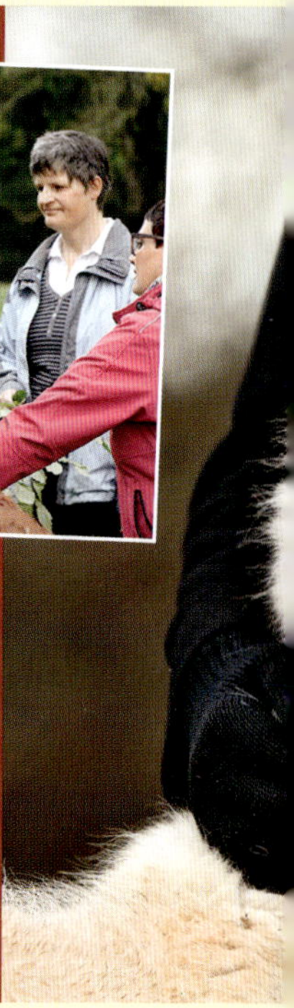

Events und tiergestützte Aktivitäten mit Lamas und Alpakas

von Familie Alexandra, Frank, Benjamin und Katharina Messing, Kisselmühle

Seit 20 Jahren betreiben wir einen kleinen Eventhof im schönen Rheingau und züchten Lamas und Alpakas. Unsere Herde besteht aus rund 80 Tieren. Außerdem haben wir noch Dromedare, Trampeltiere, Pferde, Schafe, Ziegen, Emus und Kängurus, verarbeiten Wolle und verkaufen sie im Hofladen. Diese Kombination zusammen mit dem Angebot von Trekkingtouren und anderen tiergestützten Aktivitäten mit unseren Tieren macht uns sehr viel Freude.

Feinfühlige Begleiter

Es liegt uns sehr am Herzen, dass all unsere Gäste den Spirit und die Feinfühligkeit unserer Kameliden erfahren können. Lamas und Alpakas haben die tollen Eigenschaften, neugierig, aber auf keinen Fall aufdringlich zu sein. Mit der Ausbildung der Lamas und Alpakas fangen wir mit einem Jahr an, indem wir sie zuerst an das Gehen an der Leine gewöhnen. Ab zwei Jahren, wenn sie sozial gefestigt sind, gehen sie bei Schnuppertouren mit. Dabei darf man nie vergessen, dass Lamas und Alpakas von Natur aus Fluchttiere sind! Deshalb dauert die gesamte Ausbildung bei uns rund vier Jahre. Ab dem Alter von fünf Jahren besitzen sie genügend Nervenstärke. Erst dann setzen wir sie auch bei Menschen mit Behinderungen ein. Trotzdem eignet sich dazu nicht jedes Tier. Wir selektieren hier ganz strikt und nehmen nur solche, die besonders gelassen und ausgeglichen sind. Das Feedback der Menschen, die dies erlebt haben, ist immer ehrlich und ungefiltert. Es bedeutet uns sehr viel, denn es hilft uns allen.

Unsere Gäste

Bei unseren Wanderungen begrüßen wir die unterschiedlichsten Menschen, ob sie kommen, um einen besonderen Kindergeburtstag zu feiern, für ein Familienfest, zum Teambuilding, als Schulklasse oder im Rahmen eines Betriebsausflugs. Zwar sind wir keine ausgebildeten Therapeuten für tiergestützte Maßnahmen, aber wir heißen mittlerweile auch sehr viele Gäste mit physischen, geistigen und psychischen Beeinträchtigungen willkommen und bieten ihnen tiergestützte Aktivitäten an. Unsere Lamas und Alpakas sind trainiert und manche laufen ohne Probleme an Rollstühlen. Dabei stellen wir immer wieder fest, dass sie sich der Geschwindigkeit der Menschen anpassen.

Erste Begegnung

In der „Lamaschule" bereiten wir unsere Gäste auf die Begegnung mit den Tieren vor, indem wir die Lamas und Alpakas mit Heu oder Zweigen füttern. Auf unserer Wiese mit der 50-köpfigen Lama- und Alpaka-Stutenherde können die Gäste, auch Rollifahrer und Gehbehinderte, die Tiere hautnah kennenlernen. Die Lamas und Alpakas gehen langsam auf sie zu, beschnuppern sie und suchen den Kontakt. Durch ihre ruhige, sanfte Art fühlen die Gäste sich nicht eingeengt oder bedrängt. Sie können mit den Händen durch ihre feine Wolle fahren und Körperkontakt aufnehmen. Sollte es Tieren zu eng werden, ziehen sie sich ruhig zurück. Lamas und Alpakas sind von Natur aus Distanztiere. Wir achten immer darauf, dass sie eine Rückzugsmöglichkeit haben. Es sollte keine Situation entstehen, in der sie sich bedrängt fühlen und dann panisch reagieren könnten.

Positive Erfahrungen

Die großen, ruhigen Augen der Neuweltkameliden ziehen jeden in ihren Bann. Die Tiere scheinen über ihre feinen Antennen zu spüren, wenn es einem Menschen nicht gut geht oder er irgendwelche Beeinträchtigungen hat. Bei alledem ist es uns wichtig, die Teilnehmer nie zu überfordern. Deshalb stehen bei unseren Aktivitäten immer Spaß und Bewegung im Vordergrund, außerdem die Wahrnehmung von Natur und Tieren mit allen Sinnen, auch wenn das Wetter mal nicht perfekt erscheint. Dabei sind wir flexibel und geduldig – keine Tour lässt sich zu 100% vorplanen und keine ist wie die andere – genau dieser Herausforderung stellen wir uns gerne.

Lamas und Alpakas als Rucksackträger

„Es ist noch kein Meister vom Himmel gefallen" – das gilt auch für Kameliden als Gepäckträger. Bevor Sie die erste Trekkingtour mit ihnen genießen können, heißt es, die Tiere an den Packsattel zu gewöhnen. Es gibt hier unterschiedliche Modelle, etwa aus Holz, Kunststoff, Metall oder auch weichem, flexiblem Material. Gehen Sie sehr umsichtig vor, denn die Kameliden sind Fluchttiere und schätzen Berührungen oder Belastungen auf dem Rücken nicht – wie übrigens auch Pferde, die man deshalb sehr langsam an einen Sattel gewöhnen muss.

Beginnen Sie mit dem Packsatteltraining, indem Sie die Tiere an den Körperstellen berühren, die später Kontakt mit dem Sattel haben, also am Rücken und am Bauch. Wiederholen Sie Ihre Berührungen so lange, bis sich das Tier überall am Körper streicheln lässt. Am Bauch wird es wahrscheinlich am längsten dauern.

Für den nächsten Schritt nehmen Sie eine Decke. Lassen Sie das Lama daran schnuppern, damit es merkt, dass sie harmlos ist. Dann legen Sie die Decke auf den Rücken und gehen gleich ein paar Schritte mit Ihrem Tier, damit es sich mit dem ungewohnten Gefühl etwas anfreunden kann. Die meisten Kameliden finden sich aber schnell damit ab, dass ein Fremdkörper auf ihrem Rücken liegt.

Dann können Sie vorsichtig den Packsattel auflegen. Die Gurte lassen Sie bis zum Anschnallen oben auf dem Sattel liegen, denn alles was zwischen den Beinen baumelt, empfinden die Kleinkamele als sehr unangenehm. Für das Anschnallen stellen Sie sich links vom Tier und ziehen die Gurte unter dem Bauch durch. Zuerst befestigen Sie den vorderen, dann den hinteren und als Letztes den Schultergurt. Auch hier hilft es, gleich ein paar Schritte zu gehen. Bevor Sie auf Tour mit Ihrem bepackten Lama gehen, geben Sie ihm am besten bei einigen Spaziergängen mit dem leeren Packsattel Gelegenheit, sich vollständig an den Fremdkörper auf seinem Rücken zu gewöhnen und Sicherheit beim Ausbalancieren zu gewinnen.

Gut zu wissen

Für eine Wanderung ist es wichtig, dass der Sattel gleichmäßig und nicht zu schwer beladen wird. Alles muss gut festgezurrt werden und auch der Sitz auf dem Tier muss immer korrekt sein, sonst kann es zu Fehlbelastungen kommen.

Trekking mit Anden-Feeling

Für das Trekking im Gebirge oder natürlich auch im Flachland werden am häufigsten Lamas eingesetzt, aber auch gemischte Gruppen aus Lamas und Alpakas. In Mitteleuropa können Sie mit den Andenkamelchen beinahe in jeder Region solche Touren unternehmen. Viele Hotelbetreiber arbeiten mit Lamahaltern zusammen und bieten ihren Gästen geführte Wanderungen mit diesen Tieren an. Bei längeren Trekkingtouren dienen die Lamas als Tragtiere für das mitgebrachte Gepäck der

Bei Trekkingtouren in den Alpen tragen die Lamas die Rucksäcke der Wanderer.

Wanderer. Selbst Kinder legen mit einem Lama an der Leine locker zehn Kilometer ohne Murren zurück, was sie ohne Tier niemals machen würden! So lassen sich also auch „bewegungsfaule" Kinder zum Laufen motivieren.

Picknick für Zwei- und Vierbeiner

Vergessen Sie bei längeren Touren die Pausen nicht. Auch die Andenkamelchen müssen sich zwischendurch erholen und Sie können in dieser Zeit ihren Proviant auspacken. Am schönsten und bequemsten ist es, wenn Sie auf einer Wiese rasten, bei der womöglich auch noch ein Gewässer in der Nähe ist. Dort können die Lamas und Alpakas trinken und weiden. Entweder Sie lassen sie am Führstrick grasen oder Sie binden sie nicht zu kurz an, denn um fressen zu können, sollten sie mit dem Kopf noch bequem auf den Boden reichen. Zur Befestigung des Stricks gibt es spezielle Metallhaken, die man kinderleicht in die Erde drehen kann. Gute Plätze zum Anbinden sind Bäume, die Schatten spenden. An einem solchen Platz können Sie dann in Ruhe die Natur und das Picknick genießen und ihren weidenden Lamas und Alpakas zusehen.

Service

Zum Weiterlesen

Boyle, C.: Lamas und Alpakas in der pädagogischen Förderung von Kindern und Jugendlichen. Reinhart, 2015

Fitting-Dahlmann, K., Reuter, S.: Perspektiven Tiergestützter Pädagogik und Therapie. Verbreitung des Einsatzes von Tieren. Universität zu Köln, Heilpädagogische Fakultät. Forschungsprojekt TiPi, Tiere in die Pädagogik intergrieren, 2005

Rappersberger, G.: Lamas und Alpakas. Verlag Eugen Ulmer, 2008

Trah, M., Wittek, T.: Alpakas und Lamas: Fütterung und fütterungsbedingte Erkrankungen. Verein d. Züchter, Halter u. Freunde v. Neuweltkameliden, 2013

Trah, M., Egen, W., Höke, H., Finkenzeller, K.: Alpakas und Lamas: Die Nutzung domestizierter Neuweltkameliden. Verein d. Züchter, Halter u. Freunde v. Neuweltkameliden, 2010

Adressen

Der Verlag Eugen Ulmer ist nicht verantwortlich für die Inhalte der im Buch genannten Webseiten.

Vereine und Organisationen

Verein der Züchter, Halter und Freunde von Neuweltkameliden e. V.
Untersbergweg 7, 83471 Berchtesgaden

für Fragen zum Thema Tiergestützte Therapie:
Klaus Finkenzeller
Untersbergweg 7, 83471 Berchtesgaden
Tel.: 08652 / 948777
Email: gs@nwk-verein.de
http://www.therapie-lamas.de/

Lama-Trekking-Netzwerk
www.trekking-lamas.de
Dort gibt es eine Deutschlandkarte zum Download, mit allen Adressen und Standorten von Touren- und Trekkinganbietern.

Alpaca Association e.V. (AAev)
Talstraße 52
72532 Gomadingen-Wasserstetten
www.aaev.de

Neuweltkameliden (NWK)-Nothilfe
Allgemeine Fragen: Martina Wiede
Tel: 04180/837
E-Mail: Info@Inti-Alpakas-Lamas.de
Vermittlungsstelle: Wiltrud Bauer
Tel.: 06821/1798025 oder dienstlich -6119
E-Mail: wiltrud.bauer@ekir.de

Stiftung Bündnis Mensch & Tier Geschäftsstelle
Seydelstr. 21, 10117 Berlin
Tel. +49 (0)30 - 206 216 54
clk@buendnis-mensch-und-tier.de
Hier finden Sie Kontakte zu Begegnungshöfen, die Lamas und Alpakas halten. Sie bieten Programme, in denen Kinder und Erwachsene mit Tieren in Kontakt kommen können.

Futtermittel

Natur für Natur
Futter, Mineralstoffe, Weidesaatgut
Felipe Dreifuss
Tel. +49 (0) 611 – 238 65 440
Fax: +49 (0) 3222 – 40 47 064
Mobilfunk: +49 (0) 175 - 604 2716
E-Mail naturfuernatur@gmail.com
www.alpakafutter.com

Ein besonderer Dank für die Beiträge zu diesem Buch geht an:

NAFABO – Die individuelle Wollspinnerei
Conny Böhme
Tel.: 0371-85794949
Mobil: 0162-69 99 010
E-Mail: info@naturfasermuehle.de

Alp Stillaub, Lamatrekking
Anton + Priska Felder
E-Mail: stillaub@bluewin.ch
www.stillaub.ch

Rheingau Lamas & Alpakas von der Kisselmühle
Frank Messing
Tel.: +49 6723 87360 Mobil: 0049 (0)160 6364657
E-Mail: rheingau@kisselmuehle.de
www.kisselmuehle.de

Wedemark Lamas
Stefan Germann
Tel.: 05130-6542
E-Mail: stefan@wedemark-lamas.de

Württemberg Alpakas
Gabriele Schäfer
Tel.: 0711-330162
E-Mail: gabrielesch@t-online.de
www.württemberg-alpakas.de

Bildquellen

Claudia Ade/Tina Filter: Seite 32, 49, 54
Priska Felder: Seite 11
Stefan Germann: Seite 25
Dr. Eva-Maria Götz: Klappe vorn innen, oben li; Klappe hinten innen, linke Seite, oben li; Klappe hinten innen, linke Seite, oben re; Klappe hinten innen, linke Seite, unten li; Klappe hinten innen, li Seite unten rechts; Klappe hinten innen, rechte Seite, oben li; Klappe hinten innen, rechte Seite, oben re; Klappe hinten innen, rechte Seite, unten li; Klappe hinten innen, rechte Seite, unten re sowie im Innenteil Seite 6/7, 14/15, 16 li, 16 re , 21, 22, 28/29, 31, 34, 35, 36, 37, 39 oben li, 39 oben re, 42/43, 43 re, 44/45, 46/47, 51 li, 51 re, 56, 60, 61, 63 li, 63 re, 65, 66, 67, 68, 69 li, 69 Mitte, 69 re, 70, 72 li, 72 re, 78/79, 81 oben, 81 unten, 82/83, 86, 87, 96
Silke Klewitz-Seemann: Titelfoto, Klappe vorn, Umschlag Innenseite; Klappe vorn innen, li unten; Klappe vorn innen, re oben; Klappe vorn innen, re unten; Klappe hinten, Umschlag Innenseite; Umschlagrückseite; sowie im Innenteil Seite 20, 52/53, 64, 76/77, 84, 89
Katharina Messing: Seite 88
Annette Mielke: Seite 4/5, 17, 19 unten, 23, 27
Okapia/imageBROKER/Michael Runkel: Seite 19 oben
Okapia/imageBROKER/Norbert Eisele-Hein: Seite 8/9, 91
Amina Ousman-Daouda: Seite 71 oben links, 71 oben rechts, 71 unten, 75
Gabriele Schäfer: Seite 12, 13, 39 unten, 41, 55, 58, 80
Dieter Schild: Seite 14

Die Zeichnungen fertigte Florian Ade. Sie wurden koloriert von Amina Ousman-Daouda.

Register

Bibliografische Information der Deutschen Nationalbibliothek
Die Deutsche Nationalbibliothek verzeichnet diese Publikation in der Deutschen Nationalbibliografie; detaillierte bibliografische Daten sind im Internet über http://dnb.d-nb.de abrufbar.

Wollgrasweg 41, 70599 Stuttgart (Hohenheim)
E-Mail: info@ulmer.de
Internet: www.ulmer-verlag.de
Lektorat: Dr. Eva-Maria Götz
Herstellung: Silke Reuter
Druck und Bindung: Westermann Druck, Zwickau
Printed in Germany

ISBN 978-3-8001-8452-1